Sammlung Schubert III

Ebene

und

sphärische Trigonometrie

Von

Prof. Dr. F. Bohnert
Direktor der Realschule in St. Georg, Hamburg

Zweite, verbesserte Auflage

Dritter Neudruck

Mit 63 Figuren

Berlin und Leipzig
Vereinigung wissenschaftlicher Verleger
Walter de Gruyter & Co.
vormals G. J. Göschen'sche Verlagshandlung · J. Guttentag, Verlagsbuchhandlung
Georg Reimer · Karl J. Trübner · Veit & Comp.
1919

Druck
der Spamerschen
Buchdruckerei in Leipzig.

Vorwort.

In einem Lehrbuche der Trigonometrie, das, wie das vorliegende, auch zum Selbstunterricht bestimmt ist, kann im wesentlichen zurzeit nicht von dem allgemein üblichen Lehrgange abgewichen werden, damit nicht dem Leser das Verständnis anderer Schriften ähnlichen Inhalts unnütz erschwert werde. — Strenge Definition der Grundbegriffe, der Hinweis auf die Notwendigkeit, diese Begriffe zu erweitern, eine scharfe Scheidung des logisch Notwendigen vom Konventionellen und die Bemerkungen über die Verwendbarkeit der gewonnenen Begriffe sollen dem Leser ein rasches Eindringen in die Trigonometrie ermöglichen. Gleichem Zwecke dient die Parallelführung des Gedankengangs im ersten und zweiten Teile des Buchs, die Anknüpfung an verwandte Zweige der Geometrie, endlich die äußerliche Hervorhebung alles Wichtigen durch die Disposition und den Druck. Die Beispiele sollen, ohne durch Massenhaftigkeit zu ermüden, den unentbehrlichen Übungsstoff liefern und gleichzeitig einen Überblick über die vielfache Verwendbarkeit der Trigonometrie und ihre daraus sich ergebende Bedeutsamkeit gewähren. —

Den in elementaren Lehrbüchern der Trigonometrie seltenen Hinweis auf den ungleichen Wert verschiedener möglicher Wege zur ziffernmäßigen Berechnung gesuchter Größen verdankt der Verfasser dem „Lehrbuch der Trigonometrie" von Dr. E. Hammer. In der Auswahl der Aufgaben über goniometrische Gleichungen sind die „Trigonometrischen Aufgaben" von Lieber und von Lühmann von Einfluß gewesen. Zur Kontrolle der Vollständigkeit, soweit dieselbe im Rahmen der Arbeit beabsichtigt war, haben neben den genannten Büchern das „Lehrbuch der ebenen Trigonometrie" aus Kleyers Enzyklopädie und das „Lehrbuch der Trigonometrie" von Spieker gedient.

Abschnitt IV im zweiten Teile durfte sich auf das Notwendigste beschränken, da Band XVI der Sammlung die mathematische Geographie eingehend behandelt. Die Einflechtung historischer Notizen ist unterblieben, da in Band XVIII der Sammlung die Geschichte der Mathematik behandelt werden wird.

Der Verfasser erfüllt schließlich eine angenehme Pflicht, indem er Herrn Dorn, seinem Kollegen an der Oberrealschule vor dem Holstentore, für bereitwillige Hilfe bei der Anfertigung der Zeichnungen für den zweiten Teil, sowie Herrn Dr. Bolte, Oberlehrer an der Navigationsschule zu Hamburg, für freundlichen Rat bei der Aufstellung der Aufgaben im letzten Paragraphen des Buchs aufrichtigen Dank sagt.

Hamburg, Dezember 1899.

Dr. F. Bohnert.

Vorwort zur zweiten Auflage.

Die Verbesserungsvorschläge der Kritik sind gewissenhaft geprüft worden. Einzelnen derselben vermag ich nicht zu folgen, viele sind dankbar berücksichtigt. Besonderen Dank schulde ich den Herren Direktor Prof. Dr. Thaer und Dr. J. Schröder in Hamburg für wertvolle Verbesserungen, Herrn Dorn für freundliche Hilfe bei der Neuanfertigung der Figur 49, und den Herren Dr. Körner und Lambert für Unterstützung beim Lesen der Korrektur.

In § 12 sind die Ableitungen eingehender behandelt. Der Anfang von § 28 hat eine kürzere Fassung erhalten. In § 36 sind Text und Figur in Übereinstimmung gebracht. § 44 hat einen wichtigen Zusatz erhalten. In § 51 und § 52 ist die Zahl der numerischen Beispiele vermehrt.

Im zweiten Teile ist Fig. 49 durch eine bessere ersetzt. Der bisherige § 9 (Satz der 5 Stücke) ist beseitigt. Als § 11 ist eine selbständige Ableitung für die Formeln des rechtwinkligen sphärischen Dreiecks hinzugekommen, als § 30 eine Inhaltsvermehrung aus dem Gebiete der mathematischen Geographie. Endlich ist die Zahl der Aufgaben in § 31 von 12 auf 20 gestiegen.

An vielen Stellen habe ich mich bemüht, durch kleine Änderungen die Korrektheit des Ausdrucks zu steigern, die Klarheit der Darstellung zu fördern und dadurch dem Leser das Verständnis zu erleichtern.

Hamburg, April 1906.

Prof. Dr. F. Bohnert.

Inhaltsverzeichnis.

I. Ebene Trigonometrie.

II. Sphärische Trigonometrie.

I. Ebene Trigonometrie.

Geometrische Einleitung.

§ 1. Kongruenz und Ähnlichkeit.

Jede Messung eines Gegenstandes beruht auf einer Vergleichung desselben mit einem anderen gleichartigen. Die Vergleichung wird erleichtert, wenn wenigstens einer der zu vergleichenden Gegenstände beweglich ist und in die Nähe des anderen gebracht werden kann. In der Planimetrie werden ebene Gebilde und ihre Bestandteile verglichen. Zum Zwecke einer Vereinfachung der Betrachtungsweise stellt man sich dabei vor, daß jedes ebene Gebilde beliebige Ortsveränderungen im Raume verträgt, ohne seine Form und seine Größe zu verändern. Auf dieser Vorstellungsweise fußt die

Definition: Ebene Figuren heißen kongruent, wenn man sie so in dieselbe Ebene legen kann, daß sie sich decken.

Aus dieser Definition des Kongruenzbegriffes folgt der Lehrsatz: In kongruenten ebenen Figuren sind in einer bestimmten Reihenfolge 1. die Winkel und 2. die Seiten paarweise gleich.

Seine Umkehrung lautet: Sind in zwei ebenen Figuren 1. die Winkel und 2. die Seiten paarweise in einer bestimmten Reihenfolge gleich, so sind die Figuren kongruent.

Die Aussage: „Dreieck ABC ist kongruent dem Dreieck $A'B'C'$“ ($\triangle ABC \cong \triangle A'B'C'$) ist demnach ein kurzer Ausdruck für die sechs auf die Stücke zweier Dreiecke bezüglichen Gleichungen

$$\alpha = \alpha', \quad a = a',$$
$$\beta = \beta', \quad b = b',$$
$$\gamma = \gamma', \quad c = c'.$$

Die Bezeichnungsweise der Stücke eines Dreiecks erhellt aus der Figur 1.

Die Behauptung: „Dreieck ABC ist kongruent dem Dreieck $A'B'C'$" kann demnach bewiesen werden durch den Nachweis, daß die genannten sechs Gleichungen für die beiden Dreiecke erfüllt sind.

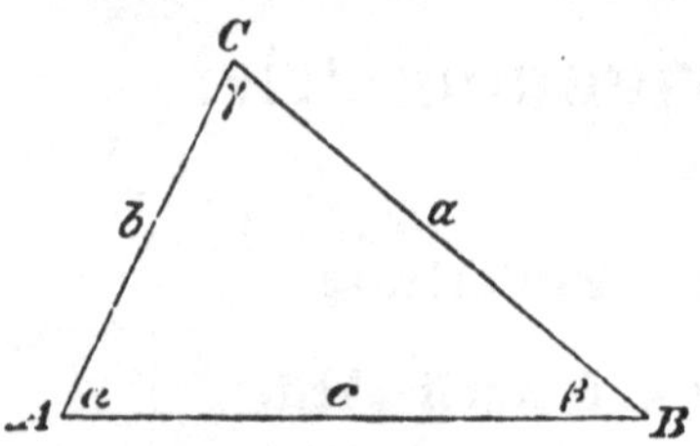

Fig. 1.

Die Planimetrie lehrt, daß die Kongruenz zweier Dreiecke schon erkannt werden kann durch den Nachweis, daß drei passend unter den genannten sechs ausgewählte Gleichungen für die beiden Dreiecke erfüllt sind. Daraus ergibt sich, daß die sechs Stücke $\alpha, \beta, \gamma, a, b, c$ eines Dreiecks nicht voneinander unabhängig sein können, sondern daß, allgemein gesprochen, für jedes Dreieck drei Gleichungen existieren, welche diese sechs Stücke untereinander verknüpfen. Eine dieser Gleichungen läßt sich in die Form kleiden:

$$\alpha + \beta + \gamma = 2R.$$

Die Kongruenz zweier Figuren ist ein besonderer Fall einer allgemeineren Beziehung derselben zueinander, nämlich ihrer Ähnlichkeit.

Definition: Zwei ebene Figuren heißen ähnlich, wenn man sie so in zwei parallele Ebenen legen kann, daß sie von einem bestimmten, außerhalb der Ebenen gelegenen Beobachtungspunkte aus gesehen sich decken.

Der besondere Fall der Kongruenz zweier ähnlicher Figuren liegt dann vor, wenn der Beobachtungspunkt, von dem aus gesehen die Deckung der Figuren stattfindet, in unendlicher Entfernung von den beiden parallelen Ebenen liegt.

Die Stereometrie lehrt:

„Werden zwei parallele Ebenen von einer dritten geschnitten, so sind die Schnittstrahlen parallel."

„Winkel mit gleichgerichteten parallelen Schenkeln sind gleich groß."

„Werden die Schenkel eines Winkels von zwei Parallelen geschnitten, so verhalten sich zwei Abschnitte eines Schenkels wie die entsprechenden Abschnitte des anderen Schenkels, und die Parallelen verhalten sich wie die in ihnen endigenden, vom Scheitelpunkt aus gerechneten Abschnitte eines Schenkels."

Aus diesen Sätzen und der Definition des Ähnlichkeitsbegriffes folgt der

Lehrsatz: In ähnlichen ebenen Figuren sind in einer bestimmten Reihenfolge 1. die Winkel und 2. die Seitenverhältnisse paarweise gleich.

Seine Umkehrung lautet: Sind in zwei ebenen Figuren 1. die Winkel und 2. die Seitenverhältnisse in einer bestimmten Reihenfolge paarweise gleich, so sind die Figuren ähnlich.

Die Aussage: „Dreieck ABC ist ähnlich dem Dreieck $A'B'C'$" ($\triangle ABC \sim \triangle A'B'C'$) ist demnach ein kurzer Ausdruck für die sechs auf die Stücke zweier Dreiecke bezüglichen Gleichungen:

$$\alpha = \alpha', \quad a:b = a':b',$$
$$\beta = \beta', \quad b:c = b':c',$$
$$\gamma = \gamma', \quad c:a = c':a'.$$

Die Behauptung: „Dreieck ABC ist ähnlich dem Dreieck $A'B'C'$" kann demnach bewiesen werden durch den Nachweis, daß die genannten sechs Gleichungen für die beiden Dreiecke erfüllt sind.

Die Planimetrie lehrt, daß die Ähnlichkeit zweier Dreiecke schon erkannt werden kann durch den Nachweis, daß zwei passend unter den genannten sechs ausgewählte Gleichungen für die beiden Dreiecke erfüllt sind. Daraus ergibt sich, daß die sechs Stücke eines Dreiecks α, β, γ, $\frac{a}{b}$, $\frac{b}{c}$, $\frac{c}{a}$ nicht voneinander unabhängig sein können, sondern daß, allgemein gesprochen, für jedes Dreieck vier Gleichungen existieren, welche diese sechs Stücke untereinander verknüpfen.

Zwei dieser Gleichungen lassen sich in die Form kleiden:

$$\alpha + \beta + \gamma = 2R, \tag{1}$$

$$\frac{a}{b} \cdot \frac{b}{c} \cdot \frac{c}{a} = 1. \tag{2}$$

§ 2. Aufgabe der Trigonometrie.

Die ebene Trigonometrie beschäftigt sich mit der Aufsuchung der Gleichungen, welche zwischen den Seiten und Winkeln eines Dreiecks existieren, und mit der Anwendung der gefundenen Beziehungen zur Berechnung von Strecken und Winkeln in ebenen Figuren aus einer hinreichenden Anzahl von Bestimmungsstücken. Sie bedarf dazu der Einführung gewisser Hilfsgrößen, der trigonometrischen Funktionen. Das Studium der Eigenschaften dieser Hilfsgrößen bildet einen Zweig der Trigonometrie, die Goniometrie.

Diejenigen Aufgaben, deren Lösung in der Planimetrie durch Zeichnung gefunden wird, werden in der Trigonometrie durch Rechnung gelöst. Die hervorragende Bedeutung der Trigonometrie macht sich besonders dort geltend, wo es sich entweder um sehr große und sehr kleine Dimensionen der zu bestimmenden, überdies oft unzugänglichen Größen bei einem hohen Grade der Genauigkeit des Resultats handelt, oder wo konstruktive, in der Natur des Zeichnens mit Lineal und Zirkel begründete Schwierigkeiten vorliegen. Astronomie, Feldmessung, gewisse Gebiete der Optik bieten Beispiele der ersten Art, die Behandlung der regelmäßigen Polygone bietet solche der zweiten Art.

§ 3. Besondere Hilfsmittel der Trigonometrie.

In der Geometrie finden sich gelegentlich Sätze, welche auf Größenbeziehungen zwischen den Winkeln und den Längen in einer Figur hinweisen: „Ist die Hypotenuse eines rechtwinkligen Dreiecks doppelt so groß als die eine Kathete, so betragen die spitzen Winkel des Dreiecks 30° und 60°." Ferner: „Ist die Basis eines gleichschenkligen Dreiecks gleich dem größeren Abschnitte des stetig geteilten Schenkels, so beträgt der Winkel an der Spitze des Dreiecks 36°." Die Zahl dieser Beispiele läßt sich vermehren. Sie behandeln alle mehr oder weniger spezielle Fälle, und sie gestatten keinen Übergang zu allgemeineren Betrachtungen, also etwa zur ziffernmäßigen Beantwortung der Fragen: „Wie groß sind die spitzen Winkel eines rechtwinkligen Dreiecks, in dem die Hypotenuse n mal so groß als die eine Kathete ist?" und: „Wie groß ist der Winkel an der Spitze eines gleichschenkligen Dreiecks, wenn die Basis gleich dem n-ten Teile des Schenkels ist?"

Die Beantwortung dieser und ähnlicher Fragen ist der Planimetrie unmöglich, weil ihr die Mittel zur Vergleichung von Winkeln und Strecken als von inkommensurabeln Größen fehlen. Die Behandlung solcher Aufgaben wird der Trigonometrie möglich durch die Einführung von Hilfsgrößen, von trigonometrischen Funktionen, durch welche eine einfache Zuordnung zwischen Winkelgrößen und Streckenverhältnissen vermittelt wird. Außerdem macht die Trigonometrie ausgiebigen Gebrauch von Tafeln der trigonometrischen Funktionen, in denen die Zuordnung der Winkel zu ihren trigonometrischen Funktionen ziffernmäßig für Winkelwerte dargestellt ist, die nach kleinen Intervallen fortschreiten.

I. Abschnitt.

Die trigonometrischen Funktionen spitzer Winkel.

§ 4. Der Funktionsbegriff.

ABC sei ein rechtwinkliges Dreieck, $\angle\gamma = R$.

Jedes Dreieck $A'B'C'$, welches dem Dreieck ABC ähnlich ist, stimmt mit ihm überein in den Winkeln $\alpha = \alpha'$, $\beta = \beta'$, $\gamma = \gamma'$ und den Seitenverhältnissen

$$\frac{BC}{CA} = \frac{B'C'}{C'A'}, \quad \frac{CA}{AB} = \frac{C'A'}{A'B'}, \quad \frac{AB}{BC} = \frac{A'B'}{B'C'}.$$

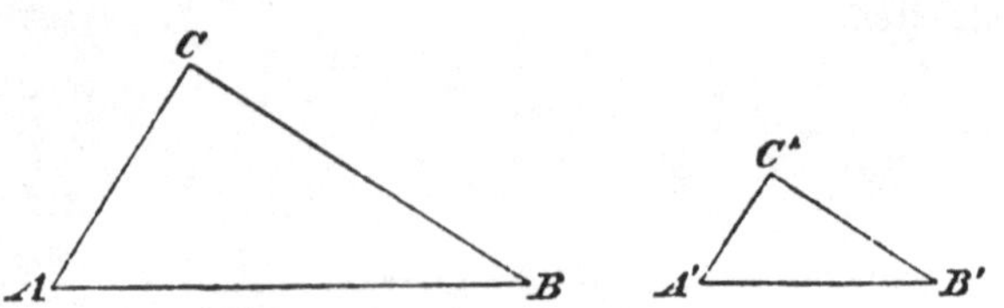

Fig. 2.

Zur Konstruktion eines solchen Dreiecks $A'B'C'$, welches dem Dreieck ABC ähnlich ist, oder — in andrer Ausdrucksweise — zur Konstruktion der Gestalt des Dreiecks ABC genügt als Bestimmungsstück einer der beiden spitzen Winkel oder eines der genannten Seitenverhältnisse.

Daraus ergibt sich, daß konstruktiv durch eines dieser fünf Stücke ($\angle\gamma = R$ ist das sechste) die übrigen vier mitbestimmt sind, insbesondere, daß durch einen der beiden spitzen Winkel alle drei Seitenverhältnisse und durch eins der drei Seitenverhältnisse beide spitze Winkel bestimmt sind.

Stehen zwei veränderliche Größen zueinander in der Beziehung, daß durch die Größe der einen die Größe der anderen ein- oder mehrdeutig mitbestimmt ist, so nennt man die eine der Größen eine **Funktion** der anderen. — So ist beispielsweise der Druck einer in einem starren Gefäß eingeschlossenen Gasmasse eine Funktion ihrer Temperatur. Ferner ist die Zeit, innerhalb deren ein Körper eine gegebene Bahn durchläuft, eine Funktion seiner Geschwindigkeit. Endlich ist der Wert des Ausdruckes $x^3 + ax + b$ eine Funktion des Wertes der Veränderlichen x.

Mit Benutzung dieser Ausdrucksweise sagt man: Die Werte der drei Seitenverhältnisse eines rechtwinkligen Dreiecks sind Funktionen der Größe eines seiner beiden spitzen Winkel. Umgekehrt ist die Größe jedes der beiden spitzen Winkel im rechtwinkligen Dreieck eine Funktion des Wertes irgend eines Seitenverhältnisses in diesem Dreieck.

§ 5. Aufgaben zu § 4.

1. Die Gestalt eines rechtwinkligen Dreiecks zu konstruieren
a) aus $\angle\alpha = 30^0$, b) aus $\angle\beta = 45^0$, c) aus $\frac{BC}{AC} = \frac{4}{5}$, d) aus $\frac{AC}{AB} = \frac{1}{2}$, e) aus $\frac{BC}{AC} = 1$.

2. Die Gestalt eines rechtwinkligen Dreiecks zu konstruieren
a) aus $\angle\alpha = 18^0$, b) aus $\angle\alpha = 36^0$, c) aus $\angle\beta = 54^0$ d) aus $\angle\beta = 24^0$.

In jedem dieser Dreiecke sollen die Längen der drei Seiten in mm gemessen werden, und die Seitenverhältnisse $\frac{BC}{AB}$, $\frac{AC}{AB}$ und $\frac{BC}{AC}$ durch Division der Maßzahlen der Seiten berechnet werden.

3. Die Gestalt eines rechtwinkligen Dreiecks zu konstruieren
a) aus $\frac{BC}{BA} = \frac{3}{5}$, b) aus $\frac{BC}{BA} = 0{,}3$, c) aus $\frac{AC}{AB} = \frac{71}{100}$, d) aus $\frac{BC}{AC} = 2$.

In jedem dieser Dreiecke sollen die spitzen Winkel mit dem Transporteur gemessen werden.

§ 6. Die erste Definition der trigonometrischen Funktionen.

Man hat den drei Funktionen, welche die Abhängigkeit der Seitenverhältnisse eines rechtwinkligen Dreiecks von der Größe eines seiner spitzen Winkel darstellen, Namen gegeben.

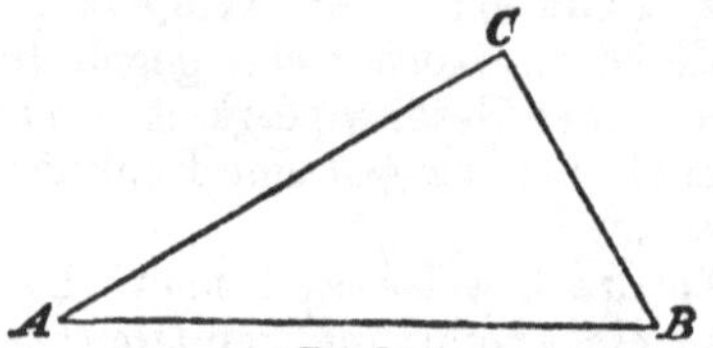

Fig. 8.

Man bezeichnet als Sinus des Winkels α den Wert des Verhältnisses $\frac{BC}{AB}$ in einem rechtwinkligen Dreiecke, dessen Hypotenuse AB heißt, und in dem $\angle BAC = \angle\alpha$ ist.

Allgemein definiert man, wenn α ein spitzer Winkel eines rechtwinkligen Dreiecks ABC ($\angle ACB = R$) ist,

$$\text{sinus des } \angle\alpha = \sin\alpha = \frac{BC}{AB} = \frac{\text{Gegenkathete zu } \angle\alpha}{\text{Hypotenuse}},$$

$$\text{cosinus des } \angle\alpha = \cos\alpha = \frac{AC}{AB} = \frac{\text{Nebenkathete zu } \angle\alpha}{\text{Hypotenuse}},$$

$$\text{tangens des } \angle\alpha = \operatorname{tg}\alpha = \frac{BC}{AC} = \frac{\text{Gegenkathete zu } \angle\alpha}{\text{Nebenkathete zu } \angle\alpha}.$$

Der Vollständigkeit wegen und aus Gründen rechnerischer Bequemlichkeit hat man auch den reziproken Werten der drei genannten Streckenverhältnisse Namen gegeben. Man definiert

$$\text{cosecans des } \angle\alpha = \operatorname{cosec}\alpha = \frac{AB}{BC} = \frac{\text{Hypotenuse}}{\text{Gegenkathete zu } \angle\alpha},$$

$$\text{secans des } \angle\alpha = \sec\alpha = \frac{AB}{AC} = \frac{\text{Hypotenuse}}{\text{Nebenkathete zu } \angle\alpha},$$

$$\text{cotangens des } \angle\alpha = \operatorname{cotg}\alpha = \frac{AC}{BC} = \frac{\text{Nebenkathete zu } \angle\alpha}{\text{Gegenkathete zu } \angle\alpha}.$$

In den Ausdrücken $\sin\alpha$, $\cos\alpha$ usw. bezeichnet man α als das Argument der trigonometrischen Funktionen sinus, cosinus usw.

Nach dem Wesen der gegebenen Definitionen können sich dieselben nur auf Werte von $\angle\alpha$ beziehen, die zwischen 0° und 90° liegen.

---

§ 7. Beziehungen zwischen den Funktionen eines Winkels und seines Komplementwinkels.

Aus den Definitionen des § 6 folgt

$$\sin\alpha = \frac{BC}{AB} = \cos\beta = \cos(90^{\circ} - \alpha)\,,$$

$$\cos\alpha = \frac{AC}{AB} = \sin\beta = \sin(90^{\circ} - \alpha)\,,$$

$$\operatorname{tg}\alpha = \frac{BC}{AC} = \operatorname{cotg}\beta = \operatorname{cotg}(90^{\circ} - \alpha)\,,$$

$$\operatorname{cosec}\alpha = \frac{AB}{BC} = \sec\beta = \sec(90^{\circ} - \alpha)\,,$$

$$\sec\alpha = \frac{AB}{AC} = \operatorname{cosec}\beta = \operatorname{cosec}(90^{\circ} - \alpha)\,,$$

$$\operatorname{cotg}\alpha = \frac{AC}{BC} = \operatorname{tg}\beta = \operatorname{tg}(90^{\circ} - \alpha)\,.$$

Bezeichnet man Kosinus, Kotangens, Kosekans bezw. als die Ko-Funktionen von Sinus, Tangens und Sekans, so gilt demnach der Satz:

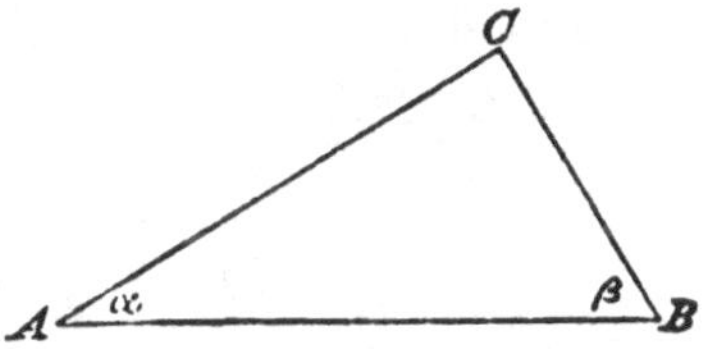

Fig. 4.

Jede trigonometrische Funktion eines Winkels ist gleich der Ko-Funktion des Komplementwinkels.

Der Ausdruck $\cos\alpha$ ist entstanden aus „complementi sinus", sinus des Komplementwinkels von α.

Bedeutet $\varphi(\alpha)$ irgend eine trigonometrische Funktion des Winkels α und $\operatorname{co}\varphi(\alpha)$ die Ko-Funktion derselben, so ist also

$$\varphi(\alpha) = \operatorname{co}\varphi(90^{\circ} - \alpha)\,,$$

$$\varphi(90^{\circ} - \alpha) = \operatorname{co}\varphi(\alpha)\,.$$

---

§ 8. Beziehungen zwischen den Funktionen desselben Winkels.

Aus dem pythagoreischen Lehrsatze

$$(AB)^2 = (BC)^2 + (AC)^2$$

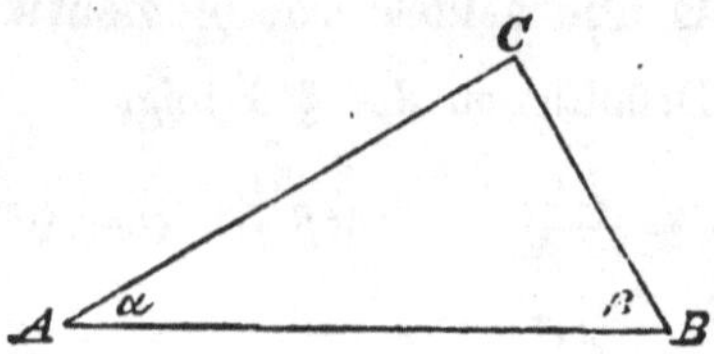

Fig. 5.

folgt

1. durch Division mit $(AB)^2$

$$\text{(I)} \quad 1 = \left(\frac{BC}{AB}\right)^2 + \left(\frac{AC}{AB}\right)^2 \quad \text{oder} \quad 1 = \sin^2\alpha + \cos^2\alpha\,;$$

2. durch Division mit $(BC)^2$

$$\text{(II)} \quad \left(\frac{AB}{BC}\right)^2 = 1 + \left(\frac{AC}{BC}\right)^2 \quad \text{oder} \quad \operatorname{cosec}^2\alpha = 1 + \operatorname{cotg}^2\alpha\,,$$

3. durch Division mit $(AC)^2$

$$\text{(III)} \quad \left(\frac{AB}{AC}\right)^2 = \left(\frac{BC}{AC}\right)^2 + 1 \quad \text{oder} \quad \sec^2\alpha = \operatorname{tg}^2\alpha + 1\,.$$

Aus den Identitäten

$$\left.\begin{array}{l} \dfrac{BC}{AB}\cdot\dfrac{AB}{BC} = 1\,, \\[2ex] \dfrac{AC}{AB}\cdot\dfrac{AB}{AC} = 1\,, \\[2ex] \dfrac{BC}{AC}\cdot\dfrac{AC}{BC} = 1 \end{array}\right\} \text{ und } \left\{\begin{array}{l} \dfrac{BC}{AB}:\dfrac{AC}{AB} = \dfrac{BC}{AC}\,, \\[2ex] \dfrac{AC}{BC}:\dfrac{AB}{BC} = \dfrac{AC}{AB}\,, \\[2ex] \dfrac{AB}{AC}:\dfrac{BC}{AC} = \dfrac{AB}{BC} \end{array}\right.$$

folgen die Gleichungen

$$\left.\begin{array}{ll} \text{(IV)} & \sin\alpha\cdot\operatorname{cosec}\alpha = 1\,, \\ \text{(V)} & \cos\alpha\cdot\sec\alpha = 1\,, \\ \text{(VI)} & \operatorname{tg}\alpha\cdot\operatorname{cotg}\alpha = 1 \end{array}\right\} \text{ und } \left\{\begin{array}{ll} \text{(VII)} & \sin\alpha : \cos\alpha = \operatorname{tg}\alpha\,, \\ \text{(VIII)} & \operatorname{cotg}\alpha : \operatorname{cosec}\alpha = \cos\alpha\,, \\ \text{(IX)} & \sec\alpha : \operatorname{tg}\alpha = \operatorname{cosec}\alpha\,. \end{array}\right.$$

§ 9. Aufgaben zu § 7 und § 8.

1. Als Funktionen eines Winkels von weniger als 45^0 darzustellen $\sin 61^0 10'$, $\cos 82^0$, $\operatorname{tg} 57^0 41'$, $\operatorname{cosec} 46^0$, $\sec 89\frac{3}{4}{}^0$, $\operatorname{cotg} 73{,}6^0$.

2. Als Funktionen eines Winkels von mehr als 45^0 darzustellen $\sin 2^0$, $\cos 44^0 13'$, $\operatorname{tg} 27^0$, $\operatorname{cosec} 18^0 57'$, $\sec 15\frac{1}{5}{}^0$, $\operatorname{cotg} 30^0 25'$.

3. Wie groß sind die übrigen trigonometrischen Funktionen von α, wenn $\sin\alpha = \frac{12}{13}$ ist? Res.: $\cos\alpha = \frac{5}{13}$, $\operatorname{tg}\alpha = \frac{12}{5}$, $\operatorname{cosec}\alpha = \frac{13}{12}$, $\sec\alpha = \frac{13}{5}$, $\operatorname{cotg}\alpha = \frac{5}{12}$.

4. Desgl., wenn $\cos\alpha = \frac{3}{5}$ ist? Res.: $\sin\alpha = \frac{4}{5}$, $\operatorname{tg}\alpha = \frac{4}{3}$, $\operatorname{cosec}\alpha = \frac{5}{4}$, $\sec\alpha = \frac{5}{3}$, $\operatorname{cotg}\alpha = \frac{3}{4}$.

5. Desgl., wenn $\operatorname{tg}\alpha = \frac{3}{8}$ ist? Res.: $\sin\alpha = \frac{3}{73}\sqrt{73}$, $\cos\alpha = \frac{8}{73}\sqrt{73}$, $\operatorname{cosec}\alpha = \frac{1}{3}\sqrt{73}$, $\sec\alpha = \frac{1}{8}\sqrt{73}$, $\operatorname{cotg}\alpha = \frac{8}{3}$.

---

§ 10. Darstellung der sechs Funktionen eines Winkels durch eine derselben.

Mit Hilfe der Gleichungen des § 8 ist es möglich, durch eine beliebig gewählte trigonometrische Funktion eines Winkels jede andere trigonometrische Funktion desselben Winkels darzustellen.

Ist beispielsweise $\cos\alpha$ gegeben, so folgt aus § 8, (I)

$$\sin\alpha = +\sqrt{1 - \cos^2\alpha},$$

aus (I) u. (VII)

$$\operatorname{tg}\alpha = \frac{+\sqrt{1 - \cos^2\alpha}}{\cos\alpha},$$

aus (I) u. (IV)

$$\operatorname{cosec}\alpha = \frac{1}{+\sqrt{1 - \cos^2\alpha}},$$

aus (V)

$$\sec\alpha = \frac{1}{\cos\alpha},$$

aus (I), (VI) u. (VII)

$$\operatorname{cotg}\alpha = \frac{\cos\alpha}{+\sqrt{1-\cos^2\alpha}}.$$

In folgender Tabelle findet man die Darstellung jeder trigonometrischen Funktion eines Winkels durch jede andere trigonometrische Funktion desselben Winkels.

α	sin	cos	tg	cosec	sec	cotg
sin	—	$\sqrt{1-\sin^2}$	$\frac{\sin}{\sqrt{1-\sin^2}}$	$\frac{1}{\sin}$	$\frac{1}{\sqrt{1-\sin^2}}$	$\frac{\sqrt{1-\sin^2}}{\sin}$
cos	$\sqrt{1-\cos^2}$	—	$\frac{\sqrt{1-\cos^2}}{\cos}$	$\frac{1}{\sqrt{1-\cos^2}}$	$\frac{1}{\cos}$	$\frac{\cos}{\sqrt{1-\cos^2}}$
tg	$\frac{\mathrm{tg}}{\sqrt{1+\mathrm{tg}^2}}$	$\frac{1}{\sqrt{1+\mathrm{tg}^2}}$	—	$\frac{\sqrt{1+\mathrm{tg}^2}}{\mathrm{tg}}$	$\sqrt{1+\mathrm{tg}^2}$	$\frac{1}{\mathrm{tg}}$
cosec	$\frac{1}{\mathrm{cosec}}$	$\frac{\sqrt{\mathrm{cosec}^2-1}}{\mathrm{cosec}}$	$\frac{1}{\sqrt{\mathrm{cosec}^2-1}}$	—	$\frac{\mathrm{cosec}}{\sqrt{\mathrm{cosec}^2-1}}$	$\sqrt{\mathrm{cosec}-1}$
sec	$\frac{\sqrt{\sec^2-1}}{\sec}$	$\frac{1}{\sec}$	$\sqrt{\sec^2-1}$	$\frac{\sec}{\sqrt{\sec^2-1}}$	—	$\frac{1}{\sqrt{\sec^2-1}}$
cotg	$\frac{1}{\sqrt{\mathrm{cotg}^2+1}}$	$\frac{\mathrm{ctg}}{\sqrt{\mathrm{cotg}^2+1}}$	$\frac{1}{\mathrm{cotg}}$	$\sqrt{\mathrm{cotg}^2+1}$	$\frac{\sqrt{\mathrm{cotg}^2+1}}{\mathrm{cotg}}$	—

Die Funktionen $\sec\alpha$ und $\operatorname{cosec}\alpha$ sind wenig im Gebrauch und sollen auch in diesem Buche künftig nicht benutzt werden.

---

§ 11. Die Werte der Funktionen für spezielle Werte von $\angle\alpha$ zwischen 0° und 90°.

Im rechtwinklig-gleichschenkligen Dreieck (Fig. 6) ist $AC = BC = a$, $AB = a\sqrt{2}$. Mithin ist

$$\sin 45^\circ = \frac{a}{a\sqrt{2}} = \frac{1}{\sqrt{2}} = \frac{1}{2}\cdot\sqrt{2},$$

$$\cos 45^\circ = \frac{a}{a\sqrt{2}} = \frac{1}{\sqrt{2}} = \frac{1}{2} \cdot \sqrt{2},$$

$$\operatorname{tg} 45^\circ = \frac{a}{a} = 1,$$

$$\operatorname{cotg} 45^\circ = \frac{a}{a} = 1.$$

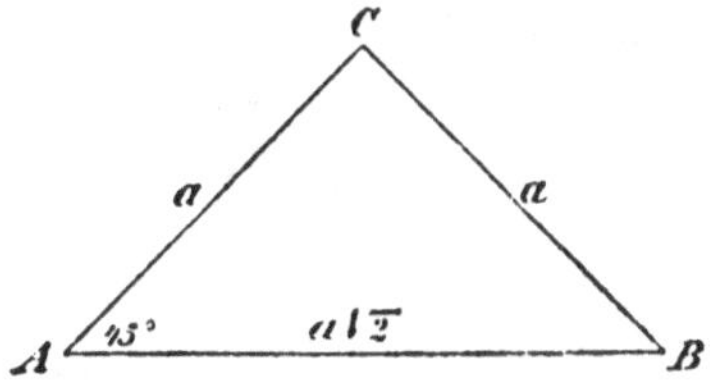

Fig. 6.

Im gleichseitigen Dreieck (Fig. 7) ist $AB = BC = CA = a$, $AD = DB = \frac{a}{2}$, $CD = \frac{a}{2}\sqrt{3}$. Mithin ist

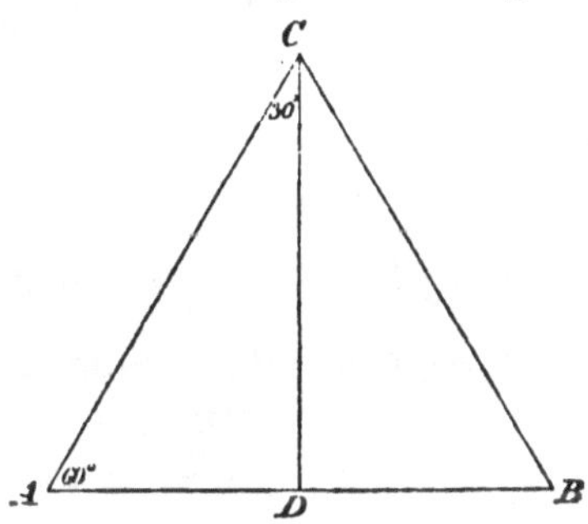

Fig. 7.

$$\sin 30^\circ = \frac{a}{2} : a = \frac{1}{2},$$

$$\cos 30^\circ = \frac{a}{2}\sqrt{3} : a = \frac{1}{2} \cdot \sqrt{3},$$

$$\operatorname{tg} 30^\circ = \frac{a}{2} : \frac{a}{2}\sqrt{3} = \frac{1}{\sqrt{3}} = \frac{1}{3} \cdot \sqrt{3},$$

$$\operatorname{cotg} 30^\circ = \frac{a}{2}\sqrt{3} : \frac{a}{2} = \sqrt{3},$$

und

$$\sin 60^\circ = \frac{a}{2}\sqrt{3} : a = \frac{1}{2}\cdot\sqrt{3},$$

$$\cos 60^\circ = \frac{a}{2} : a = \frac{1}{2},$$

$$\operatorname{tg} 60^\circ = \frac{a}{2}\sqrt{3} : \frac{a}{2} = \sqrt{3},$$

$$\operatorname{cotg} 60^\circ = \frac{a}{2} : \frac{a}{2}\sqrt{3} = \frac{1}{\sqrt{3}} = \frac{1}{3}\cdot\sqrt{3}.$$

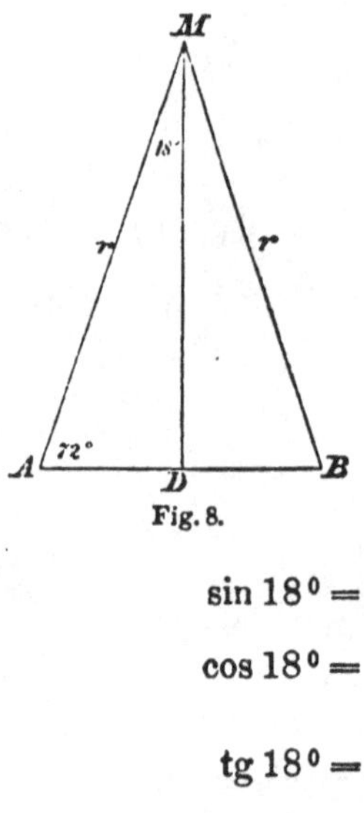
Fig. 8.

Im Bestimmungsdreieck des regelmäßigen Zehnecks MAB (Fig. 8) ist

$$\angle AMD = 18^\circ,$$
$$\angle MAB = \angle MBA = 72^\circ,$$
$$MA = MB = r,$$
$$BD = DA = \frac{r}{4}(\sqrt{5} - 1),$$
$$MD = \frac{r}{4}\sqrt{10 + 2\sqrt{5}}.$$

Mithin ist

$$\sin 18^\circ = \tfrac{1}{4}(\sqrt{5} - 1) = 0{,}309\ldots,$$
$$\cos 18^\circ = \tfrac{1}{4}\sqrt{10 + 2\sqrt{5}} = 0{,}951\ldots,$$
$$\operatorname{tg} 18^\circ = \sqrt{\frac{5 - 2\sqrt{5}}{5}} = 0{,}325\ldots,$$
$$\operatorname{cotg} 18^\circ = \sqrt{5 + 2\sqrt{5}} = 3{,}078\ldots,$$

und

$$\sin 72^\circ = \tfrac{1}{4}\sqrt{10 + 2\sqrt{5}} = 0{,}951\ldots,$$
$$\cos 72^\circ = \tfrac{1}{4}(\sqrt{5} - 1) = 0{,}309\ldots,$$
$$\operatorname{tg} 72^\circ = \sqrt{5 + 2\sqrt{5}} = 3{,}078\ldots,$$
$$\operatorname{cotg} 72^\circ = \sqrt{\frac{5 - 2\sqrt{5}}{5}} = 0{,}325\ldots.$$

In der Planimetrie wird gezeigt, daß man

1. für das regelmäßige Viereck, Achteck, Sechzehneck usw.,

2. für das regelmäßige Sechseck, Zwölfeck, Vierundzwanzigeck usw.,

3. für das regelmäßige Zehneck, Zwanzigeck, Vierzigeck usw.,

sowie für die aus den genannten Polygonen ableitbaren Polygone den Radius des einbeschriebenen Kreises und die Polygonseite durch den Radius r des umschriebenen Kreises ausdrücken kann. Daraus folgt, daß man die trigonometrischen Funktionen der halben Winkel an der Spitze in den Bestimmungsdreiecken dieser regelmäßigen Polygone aus den Längen der genannten Strecken berechnen kann. Die trigonometrischen Funktionen der Winkel

von 45^0, $22\frac{1}{2}^0$, $11\frac{1}{4}^0$ usw.,
von 30^0, 15^0, $7\frac{1}{2}^0$ usw.,
von 18^0, 9^0, $4\frac{1}{2}^0$ usw.,

und, mit Rücksicht auf § 7, auch ihrer Komplementwinkel sind demnach durch Betrachtungen, die den oben angeführten analog sind, mit beliebiger Genauigkeit der Berechnung zugänglich. Man erkennt aus dem Gange der Rechnung, daß die große Mehrzahl der trigonometrischen Funktionswerte keine Rationalzahlen sind.

Die Richtigkeit der gefundenen Werte kann durch die Gleichungen des § 8 kontrolliert werden. Umgekehrt ergibt die Einsetzung der gefundenen Werte in die für jeden Wert von α gültigen Gleichungen des § 8 eine Bestätigung der Richtigkeit dieser Gleichungen.

Wie die trigonometrischen Funktionen für andere Werte von α als die genannten berechnet werden können, muß an anderer Stelle gezeigt werden.

---

§ 12. Aufgaben zu § 11.

1. Die trigonometrischen Funktionen des $\angle\alpha = 22\frac{1}{2}^0$ mit Hilfe eines regelmäßigen Achtecks zu berechnen.

Res.: $\sin 22\frac{1}{2}^0 = \frac{1}{2}\sqrt{2-\sqrt{2}}$, $\cos 22\frac{1}{2}^0 = \frac{1}{2}\sqrt{2+\sqrt{2}}$, $\operatorname{tg} 22\frac{1}{2}^0 = \sqrt{2} - 1$, $\operatorname{cotg} 22\frac{1}{2}^0 = \sqrt{2} + 1$.

Anleitung: In Fig. 8a bedeutet AMC das Bestimmungsdreieck des einem Kreise vom Radius r einbeschriebenen regelmäßigen Achtecks, seine Seite AC ist s, ME steht senkrecht auf AC.

Es ist
$$\angle CME = 22\tfrac{1}{2}^0,$$
$$\angle CAD = R,$$
$$MF = \frac{r}{\sqrt{2}}, \quad FC = r - \frac{r}{\sqrt{2}},$$
mithin
$$s^2 = 2r\left(r - \frac{r}{\sqrt{2}}\right) = r^2(2 - \sqrt{2}),$$
$$s = r\sqrt{2 - \sqrt{2}}.$$

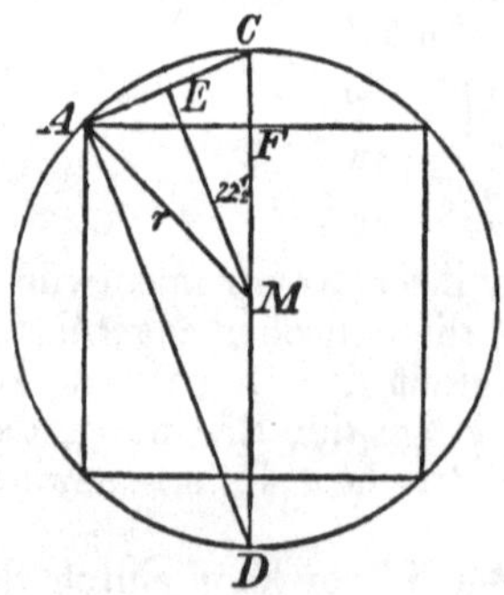

Fig. 8a.

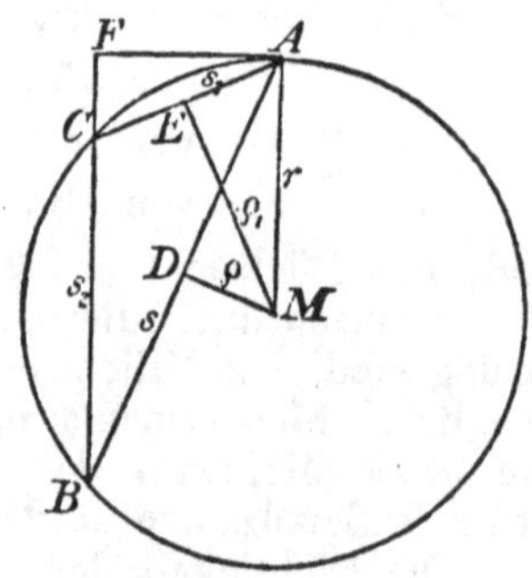

Fig. 8b.

2. Die Werte von $\sin 12^0$ und $\cos 12^0$ mit Hilfe eines regelmäßigen Fünfzehnecks zu berechnen.

Anleitung: Bezeichnen s und s_1 zwei von demselben Punkte der Peripherie ausgehende Sehnen eines Kreises, die beide auf derselben Seite des Mittelpunktes liegen, und sind ϱ und ϱ_1 die Mittelpunktsabstände der beiden Sehnen, so ist $s_2 = \frac{s\varrho_1 - s_1\varrho}{r}$ die Länge der Sehne, welche die nicht gemeinschaftlichen Endpunkte verbindet.

Denn wenn in Fig. 8b $AB = s$, $AC = s_1$, $MD = \varrho$, $ME = \varrho_1$, $CB = s_2$, $AF \perp CB$ ist, so ist

(1) $$\triangle BFA \sim \triangle MEA,$$

(2) $$\triangle CFA \sim \triangle MDA,$$

mithin

$$\frac{BF}{s} = \frac{\varrho_1}{r}, \qquad \frac{CF}{s_1} = \frac{\varrho}{r}$$

oder

$$s_2 = BF - CF = \frac{s\varrho_1 - s_1\varrho}{r}.$$

Ist im besonderen Fall s die Seite des regulären Sechsecks, s_1 die des regulären Zehnecks in einem Kreise vom Radius r, so ist die Sehne s_2 die Seite des regulären Fünfzehnecks und der zu ihr gehörende Zentriwinkel gleich 24^0. Dann ist

$$s = r, \quad \varrho = \frac{r}{2}\sqrt{3}$$

und

$$s_1 = \tfrac{1}{2} r(\sqrt{5} - 1), \qquad \varrho_1 = \tfrac{1}{4} r\sqrt{10 + 2\sqrt{5}}.$$

Mithin ist

$$s_2 = \tfrac{1}{4} r\left(\sqrt{10 + 2\sqrt{5}} - \sqrt{15} + \sqrt{3}\right).$$

$$\varrho_2 = \frac{r}{4}\sqrt{9 + \sqrt{5} + \sqrt{30 - 6\sqrt{5}}}.$$

Res.: $\sin 12^0 = \tfrac{1}{8}\left(\sqrt{10 + 2\sqrt{5}} - \sqrt{15} + \sqrt{3}\right)$,

$$\cos 12^0 = \tfrac{1}{4}\sqrt{9 + \sqrt{5} + \sqrt{30 - 6\sqrt{5}}}.$$

---

§ 13. Die Werte der Funktionen für $\angle\alpha = 0^0$ und $\angle\alpha = 90^0$.

Läßt man im rechtwinkligen Dreieck ABC von gegebener Hypotenuse $AB = c$ die Seite a kleiner werden, so wird für $\lim BC = 0$, d. h. für den Grenzfall, daß $BC = 0$ wird,

Fig. 9.

(1) $\lim\alpha = 0^0$,

(2) $\lim\beta = 90^0$,

(3) $\lim AC = AB$.

Mithin wird

$$\frac{\lim BC}{AB} = \sin 0^\circ = 0\,, \qquad \frac{\lim AC}{AB} = \sin 90^\circ = 1\,,$$

$$\frac{\lim AC}{AB} = \cos 0^\circ = 1\,, \qquad \frac{\lim BC}{AB} = \cos 90^\circ = 0\,,$$

$$\frac{\lim BC}{\lim AC} = \operatorname{tg} 0^\circ = 0\,, \qquad \frac{\lim AC}{\lim BC} = \operatorname{tg} 90^\circ = \infty\,,$$

$$\frac{\lim AC}{\lim BC} = \operatorname{cotg} 0^\circ = \infty\,, \qquad \frac{\lim BC}{\lim AC} = \operatorname{cotg} 90^\circ = 0\,.$$

§ 14. Die Tafeln der trigonometrischen Funktionen.

In den gebräuchlichen Logarithmentafeln findet man Tabellen, in denen für gleichmäßig, etwa von 10 zu 10 Bogenminuten fortschreitende Intervalle des $\angle\alpha$ neben den Winkelgrößen die zu denselben zugehörigen Funktionswerte aufgezeichnet stehen. Die folgende Tabelle ist ein Auszug aus solcher Tafel:

α°	sin ↓	cos ↑	tg ↓	cotg ↑
0	0,000	1,000	0,000	∞
10	0,174	0,985	0,176	5,671
20	0,342	0,940	0,364	2,748
30	0,500	0,866	0,577	1,732
40	0,643	0,766	0,839	1,192
45	0,707	0,707	1,000	1,000
50	0,766	0,643	1,192	0,839
60	0,866	0,500	1,732	0,577
70	0,940	0,342	2,748	0,364
80	0,985	0,174	5,671	0,176
90	1,000	0,000	∞	0,000

Man erkennt aus dieser Tafel, daß zwischen 0° und 90° für einen wachsenden Winkel α die Funktionen $\sin\alpha$ und $\operatorname{tg}\alpha$ zunehmen, die Ko-Funktionen $\cos\alpha$ und $\operatorname{cotg}\alpha$ abnehmen. Man kann auch aus der Tafel Schlüsse auf den Grad des Wachsens und Abnehmens der Funktionen von α, sowie über die Grenzen, innerhalb deren ihre Werte sich bewegen, ziehen. Eine klarere Übersicht über diese Verhältnisse gibt aber die im folgenden Paragraphen entwickelte graphische Darstellungsmethode des Funktionenverlaufs.

§ 15. Graphische Darstellung des Verlaufs der Funktionen von $\angle\alpha$ im Intervall von 0° bis 90°.

Auf der horizontalen Achse eines Koordinatensystems, der Abszissenachse, trage man vom Nullpunkt des Systems aus in der Richtung nach rechts neun beliebig lange, unter sich gleiche Strecken ab. Die Endpunkte dieser Strecken werden den Werten $\alpha = 10^0, 20^0, 30^0, \ldots 90^0$

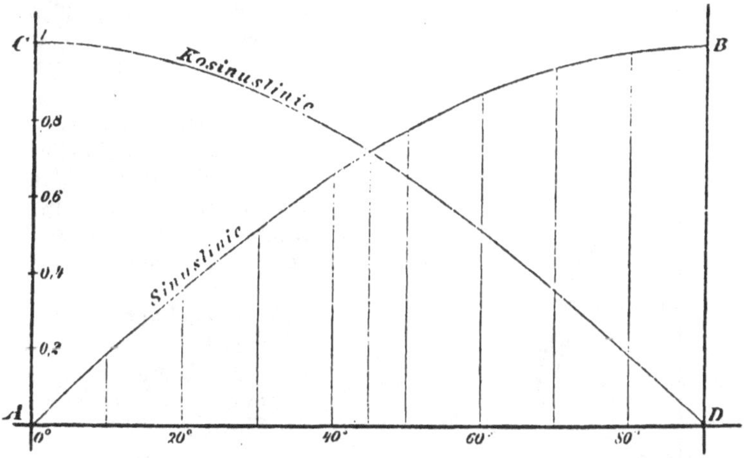

Fig. 10.

zugeordnet. Dann wähle man auf der vertikalen Achse des Koordinatensystems, der Ordinatenachse, eine beliebige Einheitsstrecke, d. h. eine Strecke, deren Länge den Zahlenwert Eins darstellen soll. Man errichte zunächst in dem Punkte der Abszisse, welcher dem Werte $\alpha = 10^0$ entspricht, das Lot und trage auf ihm den dem Werte von $\sin 10^0$ entsprechenden Bruchteil der Einheitsstrecke, nämlich $\frac{17}{100}$ derselben, ab. Dann errichte man in dem Punkte der Abszissenachse, welcher dem Werte $\alpha = 20^0$ entspricht, das Lot und trage auf ihm den dem Werte von $\sin 20^0$ entsprechenden Bruchteil der Einheitsstrecke, nämlich $\frac{34}{100}$ derselben, ab. Analog verfahre man in den übrigen, den Werten $\alpha = 30^0$, $\alpha = 40^0, \ldots$, $\alpha = 90^0$ entsprechenden Punkten. Endlich verbinde man die gefundenen Endpunkte der Lote durch einen Linienzug.

Derselbe stellt eine gebrochene Linie dar. Denkt man sich die Endpunkte der Lote auch für alle Winkelwerte von α, welche **zwischen** den ausgezeichneten Werten $\alpha = 10^0$, $\alpha = 20^0, \ldots, \alpha = 90^0$ liegen, konstruiert, so bildet die Gesamtheit dieser Endpunkte eine der vorher gezeichneten gebrochenen Linie sehr naheliegende Kurve, die **Sinuslinie.**

Es ist nicht schwierig, in einer Figur mäßiger Größe die Endpunkte so vieler Lote zu zeichnen, daß die geraden Verbindungslinien der aufeinander folgenden Endpunkte scheinbar einen nicht mehr gebrochenen Linienzug bilden, der sich unmerklich wenig von der wirklichen Sinuslinie unterscheidet. Es mag daher der so gezeichnete Linienzug AB für den vorliegenden Zweck selbst als Sinuslinie bezeichnet werden. (Fig. 10.)

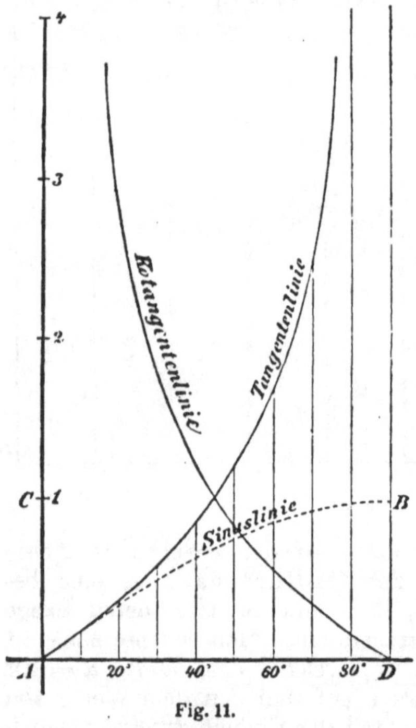

Fig. 11.

Durch ein analoges Verfahren ist in die Figur die Kosinuslinie CD eingezeichnet worden. Man erkennt aus der Figur, daß im Intervall von 0^0 bis 90^0 $\sin\alpha$ und $\cos\alpha$ **echte Brüche** sind, daß $\sin\alpha$ **für wachsenden** $\angle\alpha$ **zuerst rasch, dann langsam wächst,** daß $\cos\alpha$ **für wachsenden** $\angle\alpha$ **zuerst langsam, dann rasch abnimmt,** daß $\sin 45^0 = \cos 45^0$ und allgemein $\sin(90^0 - \alpha) = \cos\alpha$ und $\cos(90^0 - \alpha) = \sin\alpha$ ist.

Um die entsprechende Konstruktion für die Tangenten- und Kotangentenlinie auszuführen, empfiehlt es sich, die

Einheitsstrecke AC, wie in Fig. 11 geschehen, kleiner als vorher zu wählen. Die punktiert in die Figur gezeichnete Kurve gibt den Verlauf der Sinuslinie bei Zugrundelegung der neuen Einheitsstrecke AC an.

Man erkennt aus der Figur, daß im Intervall von 0^0 bis 90^0 $\operatorname{tg}\alpha$ und $\operatorname{cotg}\alpha$ alle Werte von 0 bis $+\infty$ annehmen, daß $\operatorname{tg}\alpha$ für wachsenden $\angle\alpha$ zuerst langsam, dann außerordentlich rasch wächst, daß $\operatorname{cotg}\alpha$ für wachsenden $\angle\alpha$ zuerst außerordentlich rasch, dann langsam abnimmt, daß $\operatorname{tg}45^0 = \operatorname{cotg}45^0 = 1$ und allgemein $\operatorname{tg}(90^0 - \alpha) = \operatorname{cotg}\alpha$ und $\operatorname{cotg}(90^0 - \alpha) = \operatorname{tg}\alpha$ ist. Außerdem erkennt man, daß für sehr kleine gleiche Werte von α die Funktionen $\sin\alpha$ und $\operatorname{tg}\alpha$ nahezu gleich sind.

Für eine rohe Schätzung der Funktionswerte eines beliebigen Winkels α zwischen 0^0 und 90^0 können die Figuren 10 und 11 die Tafel der trigonometrischen Funktionen ersetzen. Besser ist dazu eine sorgfältig auf Millimeterpapier gezeichnete graphische Darstellung des Verlaufs der Sinus-, Kosinus-, Tangenten- und Kotangentenlinie geeignet.

§ 16. Aufgaben zu § 15.

1. Auf Millimeterpapier die Sinus- und die Kosinuslinie zu zeichnen. Es soll $AC = 100$ mm, $AD = 180$ mm gemacht werden. Aus einer Tafel der trigonometrischen Funktionen sind die Funktionswerte auf 2 Dezimalen genau und mit schätzungsweiser Berücksichtigung der dritten Stelle von fünf zu fünf Grad in die Zeichnung einzutragen. Die gefundenen Punkte sind geradlinig der Reihe nach zu verbinden.

2. Die Werte von $\sin 3^0$, $\sin 27^0$, $\sin 42^0$, $\sin 74^0$, $\sin 86^0$, von $\cos 7^0$, $\cos 23^0$, $\cos 36^0$, $\cos 51^0$, $\cos 78^0$, $\cos 83^0$ sind aus der Zeichnung abzulesen und mit den entsprechenden Tafelwerten zu vergleichen. (Die dritte Dezimale weicht ab.)

3. Auf Millimeterpapier die Tangens- und die Kotangenslinie zu zeichnen. Es soll $AC = 30$ mm, $AD = 180$ mm gemacht werden. Aus einer Tafel sind wie in 1. die Funktionswerte möglichst genau einzutragen. Die gefundenen Punkte sind geradlinig der Reihe nach zu verbinden.

4. Die Werte von $\operatorname{tg}4^0$, $\operatorname{tg}17^0$, $\operatorname{tg}32^0$, $\operatorname{tg}56^0$, $\operatorname{tg}79^0$, von $\operatorname{cotg}13^0$, $\operatorname{cotg}24^0$, $\operatorname{cotg}48^0$, $\operatorname{cotg}64^0$, $\operatorname{cotg}82^0$ sind aus der Zeichnung abzulesen und mit den entsprechenden Tafelwerten zu vergleichen.

II. Abschnitt.

Die Verwendung der trigonometrischen Funktionen spitzer Winkel.

§ 17. Die Berechnung des rechtwinkligen Dreiecks.

Die Gestalt und die Größe eines rechtwinkligen Dreiecks sind bekannt, wenn gegeben sind:

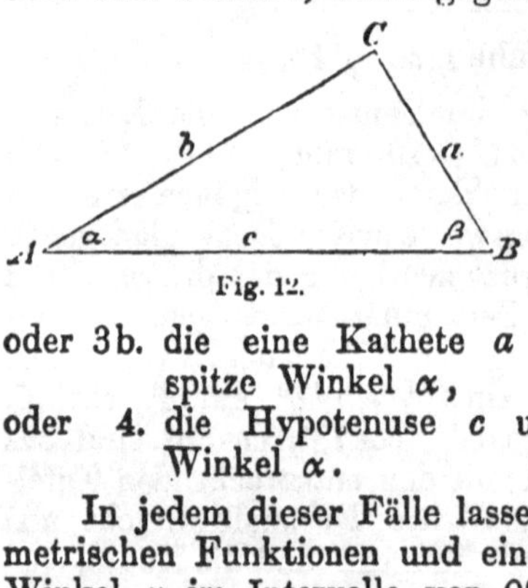

Fig. 12.

1. entweder die beiden Katheten a und b,

oder 2. die Hypotenuse c und eine Kathete a,

oder 3a. die eine Kathete a und der anliegende spitze Winkel β,

oder 3b. die eine Kathete a und der gegenüberliegende spitze Winkel α,

oder 4. die Hypotenuse c und ein anliegender spitzer Winkel α.

In jedem dieser Fälle lassen sich mit Hilfe der trigonometrischen Funktionen und einer Tafel ihrer Werte für alle Winkel α im Intervalle von 0^0 bis 90^0 aus den gegebenen Stücken die fehlenden berechnen.

1) Gegeben sind $a = 10$ m, $b = 13$ m. Gesucht werden c, α, β.

Lösung:

$$\operatorname{tg}\alpha^* = \frac{a}{b} = \frac{10}{13}$$

$$\begin{aligned} \log 10 &= 1{,}0000 \\ \log 13 &= 1{,}1139 \\ \hline \log \operatorname{tg}\alpha &= 9{,}8861 - 10, \quad \alpha^* = 37^0\, 34'. \end{aligned}$$

$\beta^* = 90^0 - \alpha = 52^0\, 26'.$

$$\frac{a}{c^*} = \sin\alpha, \quad c^* = \frac{a}{\sin\alpha}$$

$$\begin{aligned} \log 10 &= 1{,}0000 \\ \log\sin\alpha &= 9{,}7851 - 10 \\ \hline \log c &= 1{,}2149, \qquad c^* = 16{,}40 \text{ m}. \end{aligned}$$

2) Gegeben sind $a = 45{,}3$ km, $c = 88{,}2$ km. Gesucht werden b, α, β.

Lösung:

$$\sin\alpha^* = \frac{a}{c}$$

$$\begin{aligned} \log 45{,}3 &= 1{,}6561 \\ \log 88{,}2 &= 1{,}9455 \\ \hline \log\sin\alpha &= 9{,}7106 - 10, \quad \alpha^* = 30^0\, 54'. \end{aligned}$$

$\beta^* = 90^0 - \alpha = 59^0\, 6'.$

$$\frac{b^*}{a} = \operatorname{tg}\beta, \quad b^* = a \operatorname{tg}\beta$$

$$\begin{aligned} \log 45{,}3 &= 1{,}6561 \\ \log\operatorname{tg}\beta &= 0{,}2229 \\ \hline \log b &= 1{,}8790, \quad b^* = 75{,}68 \text{ km}. \end{aligned}$$

3a) Gegeben sind $a = 1{,}431$ m, $\beta = 42^0\, 14'$. Gesucht werden b, c, α.

Lösung:

$$\frac{a}{c^*} = \cos\beta, \quad c^* = \frac{a}{\cos\beta}$$

$$\begin{aligned} \log 1{,}431 &= 0{,}1556 \\ \log\cos\beta &= 9{,}8695 - 10 \\ \hline \log c &= 0{,}2861, \qquad c^* = 1{,}932 \text{ m}. \end{aligned}$$

$$\frac{a}{b^*} = \operatorname{cotg}\beta, \quad b^* = \frac{a}{\operatorname{cotg}\beta}$$

$$\begin{aligned} \log 1{,}431 &= 0{,}1556 \\ \log\operatorname{cotg}\beta &= 0{,}0420 \\ \hline \log b &= 0{,}1136, \quad b^* = 1{,}299 \text{ m}. \end{aligned}$$

$\alpha^* = 90^0 - \beta = 47^0\, 46'.$

3b) Gegeben sind $a = 18$ mm, $\alpha = 81^0 17'$. Gesucht werden b, c, β.

Lösung:

$\beta^* = 90^0 - \alpha = 8^0 43'$ und weiter wie in 3a).

Res.: $b = 2{,}76$ mm, $c = 18{,}21$ mm.

4) Gegeben sind $c = 30$ cm, $\alpha = 61^0 15'$. Gesucht werden a, b, β.

Lösung:

$\beta^* = 90^0 - \alpha = 28^0 45'$.

$\frac{a^*}{c} = \sin\alpha, \quad a^* = c \sin\alpha$

$$\begin{aligned} \log 30 &= 1{,}4771 \\ \log\sin\alpha &= \underline{9{,}9429 - 10} \\ \log a &= 1{,}4200, \qquad a^* = 26{,}30 \text{ cm.} \end{aligned}$$

$\frac{b^*}{c} = \cos\alpha, \quad b^* = c\cos\alpha$

$$\begin{aligned} \log 30 &= 1{,}4771 \\ \log\cos\alpha &= \underline{9{,}6821 - 10} \\ \log b &= 1{,}1592, \qquad b^* = 14{,}43 \text{ cm.} \end{aligned}$$

---

§ 18. Die Berechnung spitzwinklig ungleichseitiger Dreiecke durch rechtwinklige Hilfsdreiecke.

Die Gestalt und die Größe eines spitzwinkligen Dreiecks sind bestimmt, wenn gegeben sind:

1. entweder die drei Seiten a, b, c,

oder 2. zwei Seiten a und b und der Gegenwinkel α der einen Seite,

oder 3. zwei Seiten a und b und der eingeschlossene Winkel γ,

oder 4. eine Seite a und zwei Winkel α und β.

Man kann die Lösung dieser Aufgaben immer auf die Berechnung rechtwinkliger Dreiecke zurückführen, indem man eine passend gewählte Höhe in dem zu berechnenden Dreiecke zeichnet und die dadurch entstehenden beiden rechtwinkligen Dreiecke nacheinander berechnet. Dieser Lösungsweg ist praktisch nur für Fall 3. von Bedeutung. An späterer Stelle einzuführende Sätze kürzen die Rechnung und machen die Benutzung der rechtwinkligen Hilfsdreiecke überflüssig.

Wichtiger ist die Verwendung der rechtwinkligen Hilfsdreiecke für die Berechnung des gleichschenkligen Dreiecks.

---

§ 19. Die Berechnung des gleichschenkligen Dreiecks.

Gestalt und Größe eines gleichschenkligen Dreiecks sind bestimmt, wenn gegeben sind:

1. entweder die Basis a und der Schenkel b,

oder 2. die Basis a und ein Winkel α,

oder 3. der Schenkel b und ein Winkel α.

1. Gegeben sind $a = 10$ cm, $b = 6$ cm. Gesucht werden α und β.

Lösung: Man fälle $AD = h_a$ (Fig. 13). Dann ist

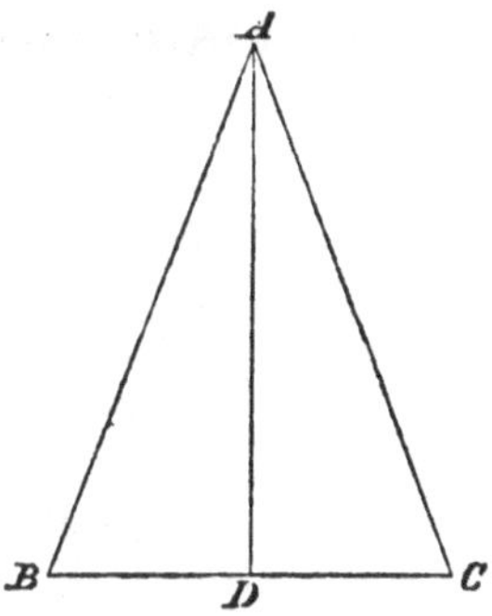

Fig. 13.

$$\sin\frac{\alpha^*}{2} = \frac{a}{2b},$$

$$\begin{aligned} \log 10 &= 1{,}0000 \\ \log 12 &= 1{,}0792 \\ \hline \log\sin\frac{\alpha}{2} &= 9{,}9208 - 10, \end{aligned}$$

$$\frac{\alpha^*}{2} = 56^0\,26',$$

$$\alpha^* = 112^0\,52',$$

$$\beta^* = 90^0 - \frac{\alpha}{2} = 33^0\,34'.$$

2. Gegeben sind $a = 25$ m, $\alpha = 54^0$. Gesucht werden b und β.

Lösung: $\beta^* = 90^0 - \frac{\alpha}{2} = 63^0$.

Man fälle $AD = h_a$. Dann ist

$$\frac{a}{2b^*} = \sin\frac{\alpha}{2}, \quad 2b^* = \frac{a}{\sin\frac{\alpha}{2}},$$

$$\begin{aligned} \log 25 &= 1{,}3979 \\ \log\sin\frac{\alpha}{2} &= 9{,}6570 - 10 \\ \hline N\,1{,}7409 &= 55{,}07, \quad b^* = 27{,}54 \text{ m}. \end{aligned}$$

3. Gegeben sind $b = 60$ cm, $\alpha = 110^0$. Gesucht werden a und β.

Lösung: $\beta^* = 90^0 - \frac{\alpha}{2} = 35^0$.

Man fälle $AD = h_a$. Dann ist

$$\frac{a^*}{2b} = \sin\frac{\alpha}{2}, \quad a^* = 2b\sin\frac{\alpha}{2},$$

$$\log 120 = 2{,}0792$$

$$\log\sin\frac{\alpha}{2} = 9{,}9134 - 10$$

$$N\,1{,}9926 = 98{,}31, \quad a^* = 98{,}31 \text{ cm.}$$

Bezeichnet man den Inhalt des gleichschenkligen Dreiecks mit J, und fällt man das Lot $BE = h_b$, so ist (Fig. 14)

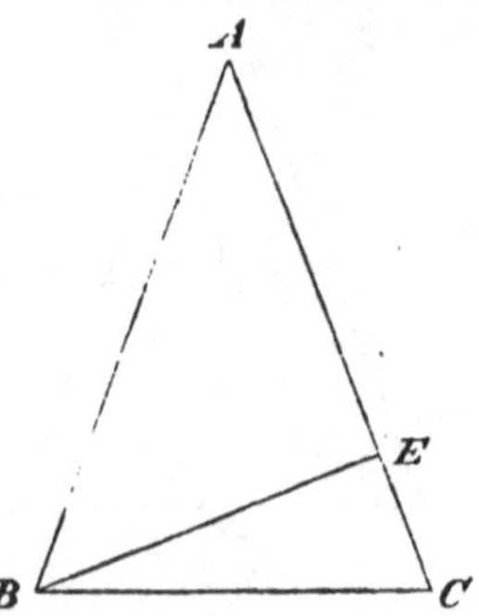

Fig. 14.

$$J = \frac{b \cdot h_b}{2}.$$

Ferner ist

$$\frac{h_b}{b} = \sin\alpha, \quad h_b = b\sin\alpha.$$

Mithin ist der Inhalt des gleichschenkligen Dreiecks

$$J = \frac{b^2}{2}\sin\alpha.$$

§ 20. Die Berechnung der regelmäßigen Polygone.

Bezeichnet man mit n die Anzahl der Ecken, mit a eine Seite des Polygons, mit r den Radius des umschriebenen, mit ϱ den des einbeschriebenen Kreises für das Polygon, mit U den Umfang und mit J den Inhalt des Polygons, endlich mit α den Zentriwinkel seines Bestimmungsdreiecks, so ist

$$\text{(I)} \qquad \alpha^* = \frac{360^0}{n},$$

$$\frac{a}{2r^*} = \sin\frac{\alpha}{2}, \quad r^* = \frac{a}{2\sin\frac{\alpha}{2}},$$

$$\frac{a}{2\varrho^*} = \operatorname{tg}\frac{\alpha}{2}, \qquad \varrho^* = \frac{a}{2\operatorname{tg}\frac{\alpha}{2}},$$

$$U^* = n a,$$

$$J^* = n\frac{a\varrho}{2} = n\frac{a^2}{4\operatorname{tg}\frac{a}{2}}.$$

Hier sind r, ϱ, U, J durch a und α, beziehungsweise n dargestellt. Es lassen sich die hier genannten Größen auch sämtlich durch n und r oder durch n und ϱ darstellen. Die entsprechenden Formeln lauten:

(II) $$\alpha^* = \frac{360^0}{n},$$

$$\frac{a^*}{2r} = \sin\frac{\alpha}{2}, \qquad a^* = 2r\sin\frac{\alpha}{2},$$

$$\frac{\varrho^*}{r} = \cos\frac{\alpha}{2}, \qquad \varrho^* = r\cos\frac{\alpha}{2},$$

$$U^* = na = n\,2r\sin\frac{\alpha}{2},$$

$$J^* = n\frac{r^2}{2}\sin\alpha \qquad \text{(vgl. § 19, Schluß)}$$

(III) $$\alpha^* = \frac{360^0}{n},$$

$$\frac{a^*}{2\varrho} = \operatorname{tg}\frac{\alpha}{2}, \qquad a^* = 2\varrho\operatorname{tg}\frac{\alpha}{2},$$

$$\frac{\varrho}{r^*} = \cos\frac{\alpha}{2}, \qquad r^* = \frac{\varrho}{\cos\frac{\alpha}{2}},$$

$$U^* = na = n\,2\varrho\operatorname{tg}\frac{\alpha}{2},$$

$$J^* = n\frac{a\varrho}{2} = n\varrho^2\operatorname{tg}\frac{\alpha}{2}.$$

§ 21. Die Berechnung des Kreissegments.

Ist r der Radius eines Kreises, α ein Zentriwinkel desselben, und sind S, Sg, J bezw. die Inhalte des Sektors, des Segments und des gleichschenkligen Dreiecks, welche durch den Winkel α im Kreise bestimmt sind, so ist

$$Sg = S - J.$$

Hier ist

$$S = \frac{\alpha^0}{360^0} \pi r^2 \quad \text{und} \quad J = \frac{r^2}{2} \sin \alpha .$$

Mithin ist

$$Sg = \frac{\alpha^0}{360^0} \cdot \pi r^2 - \frac{r^2}{2} \sin \alpha .$$

---

§ 22. Aufgaben zu § 17 bis § 21.

1. Die Spitze A eines Turmes AB erscheint von C aus unter dem Elevationswinkel $\gamma = 22^0 14'$. Die horizontale Strecke CB beträgt 57 m. Wie hoch ist der Turm? Lösung: 23,30 m.

2. Eine Chaussee hat längs einer Strecke von 2,753 km eine Steigung von $1\frac{1}{2}^0$. Wieviel m liegt das eine Ende der Strecke höher als das andere? Lösung: 72,06 m.

3. Ein Turm von 80 m Höhe wirft einen Schatten von 113 m Länge auf den horizontalen Erdboden. Wie hoch steht die Sonne im Augenblick der Beobachtung über dem Horizont? Lösung: $35^0 18'$.

4. Aus einem Fesselballon, der sich bei ruhiger Luft 400 m über eine horizontale Ebene erhoben hat, erblickt man eine Schanze unter einem Depressionswinkel von 13^0. Wie weit ist die Schanze von der Abfahrtstelle des Ballons entfernt? Lösung: 1732,6 m.

5. Ein feststehendes Fernrohr trägt über seinem Unterstützungspunkt senkrecht zur optischen Achse in horizontaler Lage einen Maßstab. 8 m von der Skala entfernt hängt ein Spiegelchen. In seiner Ruhelage zeigt es dem Beobachter am Fernrohr den über dem Fernrohre befindlichen Nullpunkt der Skala. Bei einer Ablenkung des Spiegels durch Drehung um seine Vertikalachse erblickt man im Spiegel den Teil-

strich 1,35 m der Skala. Wie groß ist die Ablenkung des Spiegels? Lösung: $4^{0} 47' 21''$.

6. In eine Glaswanne von der Form einer schmalen Kiste fällt in einer zu einer Längswand parallelen Ebene ein Lichtstrahl auf den Boden der Wanne und bildet den Winkel $\alpha = 30^{0}$ gegen die Senkrechte auf der Bodenfläche. Um wieviel verschiebt sich der Lichtfleck auf dem Boden der Wanne, wenn dieselbe bis zur Höhe $h = 10$ cm mit Wasser gefüllt wird? Die Brechung des Lichts beim Übergange von Luft in Wasser erfolgt so, daß der Sinus des Einfallswinkels zum Sinus des Brechungswinkels sich wie 4 : 3 verhält. (Der Brechungsexponent ist $\frac{4}{3}$.) Lösung: 1,73 cm.

7. Ein Lichtstrahl fällt unter $\alpha = 45^{0}$ Einfallswinkel auf eine $d = 2$ cm dicke planparallele Glasplatte. Wie groß ist die Parallelverschiebung v des Strahls nach dem Durchgange? Der Brechungsexponent des Lichtes für den Übergang von Luft in Glas ist $n = \frac{3}{2}$.

Lösung: $v = \dfrac{d \sin(\alpha - \beta)}{\cos\beta} = 6{,}6$ mm.

8. Ein Stern im Pol der Ekliptik zeigt eine Aberration von 20,5″ von seinem wahren Orte. Die durchschnittliche Geschwindigkeit der Erde in ihrer Bahn beträgt 29,5 km pro Sekunde. Wie groß ist demnach die Lichtgeschwindigkeit?

(Der $\log \operatorname{tg}$ eines Winkels von x Sekunden [$x < 4700$ sec] ist bestimmt durch die Gleichung $\log \operatorname{tg} x = \log x + 0{,}6856 - 6$.)

Lösung: 296 800 km pro Sekunde.

9. Eine Platte wird durch senkrecht auffallendes Licht mit der Intensität J beleuchtet. Wie groß ist an derselben Stelle die Intensität auf der Platte, wenn die Lichtstrahlen unter 60^{0} Einfallswinkel auf dieselbe gelangen? Lösung: $\frac{1}{2} J$.

10. An einem Punkte A greifen 2 Kräfte $AB = 60$ kg und $AC = 80$ kg unter stumpfem Winkel gegeneinander an. Der Punkt A bewegt sich unter dem Einfluß dieser Kräfte im Innern des stumpfen Winkels auf einer Resultierenden, die auf der Angriffsrichtung der Kraft AB senkrecht steht. Welchen Winkel bildet die Resultierende mit der Richtung der Kraft AC? Lösung: $48^{0} 35' 26''$.

11. Auf einer schiefen Ebene vom Neigungswinkel α soll eine Walze vom Gewicht K kg durch ein Seil gehalten werden, welches in der Mitte der Walzenachse befestigt ist,

und mit der Richtung der schiefen Ebene nach oben einen Winkel β bildet. Mit wieviel kg Zug wird das Seil beansprucht? Lösung: $\frac{K \sin\alpha}{\cos\beta}$ kg.

12. In welcher Höhe wird ein Turm durch das Geschoß eines Geschützes getroffen, welches unter dem Elevationswinkel α in der Horizontalebene des Turmfußes auf den Turm gerichtet ist, wenn das Geschütz a m vom Turmfuß entfernt ist, die Geschwindigkeit des Geschosses b m pro Sekunde beträgt, und das Geschoß in t Sekunden um $\frac{g}{2}t^2$ m fällt? Lösung: $\left(a \cdot \operatorname{tg}\alpha - \frac{g a^2}{2 b^2 \cos^2\alpha}\right)$ m.

13. Wie groß ist der Monddurchmesser, wenn er von der Erde aus unter einem Gesichtswinkel von 31′5″ erscheint, und wenn die mittlere Mondentfernung von der Erde 384400 km beträgt. Lösung: 3476 km.

14. Eine gerade Chaussee ist eine Strecke weit von zwei parallelen Baumreihen eingefaßt. Die Baumreihen haben 8 m Abstand voneinander. Die letzten Bäume erscheinen einem mitten auf der Chaussee stehenden Beobachter unter einem Sehwinkel von 28′. Wie weit sind dieselben von dem Beobachter entfernt? Lösung: 982,2 m.

15. Ein Luftballon von 10 m Durchmesser erscheint einem Beobachter unter dem Sehwinkel von 40′ und unter einem Elevationswinkel von 50° 10′. Wie hoch steht er? Lösung: 660 m.

16. Wieviel km beträgt ein Grad auf dem 30., 45., 60. Breitenkreise, wenn der Radius der Erdkugel zu 6370 km gerechnet wird? Lösung: 96,28 km, 78,62 km, 55,59 km.

17. Wie hoch ist ein Berg, auf dessen Gipfel die Depression des Meereshorizonts $2\frac{1}{2}°$ beträgt? (Erdradius = 6370 km.)*) Lösung: rund 6000 m.

18. Wie groß ist das Segment eines Kreises vom Radius r, wenn der zugehörige Zentriwinkel 20° beträgt? Lösung: $0{,}003525\, r^2$.

19. Ein Kreis vom Radius r ist gegeben. Das regelmäßige umschriebene und das regelmäßige einbeschriebene

*) Zur Berechnung sind mindestens 5stellige Logarithmen zu verwenden.

n-Eck des Kreises sind gezeichnet. Um wieviel unterscheiden sich die Umfänge, bezw. die Inhalte der beiden Figuren für $n = 30$ und $n = 60$?

Lösung: $u_{30} = 3{,}1359 \ldots \times 2r$, $u_{60} = 3{,}1401 \ldots \times 2r$,

$U_{30} = 3{,}1530 \ldots \times 2r$, $U_{60} = 3{,}1445 \ldots \times 2r$,

$i_{30} = 3{,}1187 \ldots \times r^2$, $i_{60} = 3{,}1359 \ldots \times r^2$,

$J_{30} = 3{,}1530 \ldots \times r^2$, $J_{60} = 3{,}1445 \ldots \times r^2$.

20. Wie groß ist die kleinste Diagonale d des regelmäßigen Fünfzehnecks von der Seite a?
Lösung: $d = 1{,}956 \times a$.

III. Abschnitt.

Die Erweiterung des Begriffs der trigonometrischen Funktionen.

§ 23. Einführung eines rechtwinkligen Koordinatensystems.

Ein vorläufiges Hindernis für die Anwendung der in den § 19, 20, 21 gegebenen Formeln entsteht, wenn die Winkel, deren trigonometrische Funktionen in Anwendung kommen, größer als 90° sind; denn bisher sind die Funktionen nur für Winkelwerte zwischen 0° und 90° erklärt. Es liegt also das Bedürfnis vor, den Begriff der trigonometrischen Funktionen durch neue Definitionen so zu erweitern, daß dieselben mit den ersten Definitionen im Bereiche von 0° bis 90° identisch, außerdem aber geeignet sind, die trigonometrischen Funktionen für Winkelwerte über 90° eindeutig zu erklären.

Diese Begriffserweiterung wird durch eine Betrachtung ähnlicher Art vermittelt, wie sie in den Anfangsgründen der analytischen Geometrie üblich ist: Man ziehe durch einen beliebigen Punkt P einer Ebene (Fig. 15) Parallelen PN und PM zu den Koordinatenachsen $X'X$ und $Y'Y$ eines beliebig in der Ebene gewählten rechtwinkligen Koordinatensystems. Man bezeichne PM, den Abstand des Punktes P von der Abszissenachse, als die Ordinate und PN, den Abstand des Punktes P von der Ordinatenachse, als die Abszisse des Punktes P. Man setze $PN = MA = x$ und $PM = NA = y$. x und y werden als die Koordinaten des Punktes P in bezug auf das gewählte Koordinatensystem bezeichnet. Ist die Lage eines Punktes P in der Ebene des Koordinatensystems gegeben, so sind die Koordinatenlängen x und y des Punktes P durch die beschriebene Parallelenkonstruktion eindeutig bestimmt. Dagegen ist durch die Parallelenkonstruktion die Lage eines Punktes Q, welcher die Koordinatenlängen $x = a$, $y = b$ besitzt, nicht eindeutig, sondern vierdeutig bestimmt. Denn die zwei Parallelen, welche von der Ordinatenachse den Abstand a, und die zwei Parallelen, welche von der Abszissenachse den Abstand b haben, schneiden sich in vier Punkten und es gibt daher vier Punkte Q_1, Q_2, Q_3, Q_4, deren Koordinatenlängen den Wert $x = a$, $y = b$ besitzen.

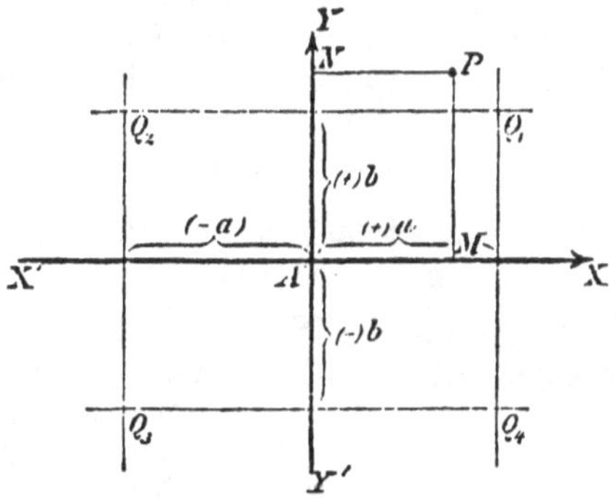

Fig. 15.

Um die Beziehung zwischen der Lage eines Punktes und der Größe seiner Koordinaten zu einer ein-eindeutigen zu gestalten, hat man, übereinstimmend mit dem Verfahren der analytischen Geometrie, folgende konventionelle Festsetzung getroffen: Abszissenlängen, welche vom Nullpunkte A des Koordinatensystems aus nach rechts abgetragen werden sollen, werden als positiv, Abszissen, welche vom selben Punkte aus nach links abgetragen werden sollen, werden als negativ bezeichnet. Gleichermaßen werden vom Nullpunkt aus nach oben abgetragene Ordinaten als positiv, vom selben Punkte aus nach unten abgetragene Ordinaten als negativ bezeichnet.

Zufolge dieser Bestimmung findet folgende ein-eindeutige Zuordnung zwischen den Punkten Q_1, Q_2, Q_3, Q_4 und ihren Koordinaten statt:

$$\begin{array}{l|l} Q_1 & x = +a,\ y = +b; \\ Q_2 & x = -a,\ y = +b; \\ Q_3 & x = -a,\ y = -b; \\ Q_4 & x = +a,\ y = -b. \end{array}$$

Man bezeichnet die vier Quadranten, in denen die vier Punkte in der angegebenen Reihenfolge liegen, als den ersten, zweiten, dritten und vierten Quadranten des vollen Winkels. Dieselben werden der Reihe nach durchlaufen, wenn man, von einem Punkte der positiven Abszissenachse ausgehend, um den Nullpunkt des Koordinatensystems einen Umlauf in der entgegengesetzten Richtung vollführt, in der sich der Zeiger einer Uhr für den Beschauer des Zifferblattes dreht. Diese Drehung soll als eine „Gegenzeigerdrehung" bezeichnet werden.

§ 24. Die trigonometrischen Funktionen für Winkel von mehr als 90°.

Man beschreibe um den Nullpunkt A eines Koordinatensystems mit einer beliebigen, als Längeneinheit gewählten Strecke einen Kreis und zeichne im ersten Quadranten einen Radius AB. Dann fälle man das Lot BC auf die Abszissenachse. Der Winkel, den AB mit der positiven Richtung der Abszissenachse bildet, werde mit α bezeichnet. Der Winkel α wächst, wenn der um A beweglich gedachte Radius AB eine Gegenzeigerdrehung beschreibt. Bezeichnet man nun AB als beweglichen Radius, BC als zum Winkel α gehöriges Projektionslot und AC als zum Winkel α gehörige Projektion, so sind, in

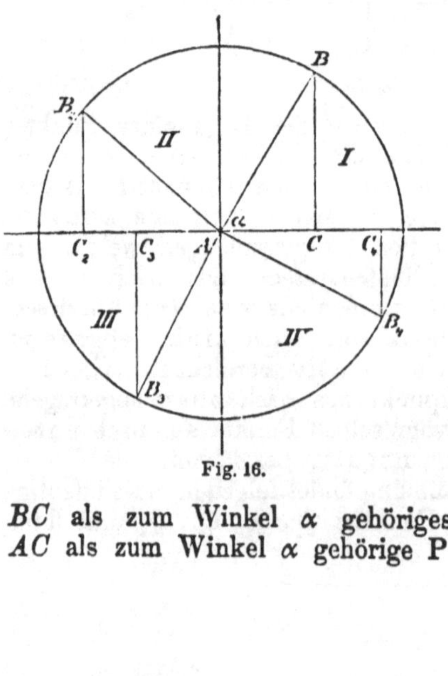

Fig. 16.

Übereinstimmung mit den Definitionen des § 6, die trigonometrischen Funktionen durch folgende Gleichungen definiert:

$$\sin\alpha = \frac{BC}{AB} = \frac{\text{Gegenkathete}}{\text{Hypotenuse}} = \frac{\textbf{Projektionslot}}{\textbf{bewegl. Radius}},$$

$$\cos\alpha = \frac{AC}{AB} = \frac{\text{Nebenkathete}}{\text{Hypotenuse}} = \frac{\textbf{Projektion}}{\textbf{bewegl. Radius}},$$

$$\operatorname{tg}\alpha = \frac{BC}{AC} = \frac{\text{Gegenkathete}}{\text{Nebenkathete}} = \frac{\textbf{Projektionslot}}{\textbf{Projektion}},$$

$$\operatorname{cotg}\alpha = \frac{AC}{BC} = \frac{\text{Nebenkathete}}{\text{Gegenkathete}} = \frac{\textbf{Projektion}}{\textbf{Projektionslot}}.$$

Die neuen Definitionen decken sich mit den zuerst eingeführten im Winkelbereich $0^0 < \alpha < 90^0$, für den die Funktionen bislang überhaupt erklärt worden sind. Es ist also nichts im Wege, innerhalb dieses Bereiches, je nach Umständen, die eine oder die andere Definition derselben anzuwenden. Während aber die ersten Definitionen versagen, sobald $\alpha > 90^0$ ist, behalten die zweiten Definitionen Sinn, auch wenn α über 90^0 wächst. Es gelten also im erweiterten Bereich stets die neuen Definitionen, und es ist z. B. nach denselben in Fig. 16

$$\sin B_2AC = \frac{B_2C_2}{B_2A},$$

$$\cos B_3AC = \frac{AC_3}{B_3A}, \quad \text{wo} \quad 180^0 < B_3AC < 270^0 \quad \text{ist},$$

$$\operatorname{tg} B_4AC = \frac{B_4C_4}{C_4A}, \quad \text{wo} \quad 270^0 < B_4AC < 360^0 \quad \text{ist}.$$

Dabei ist, entsprechend den oben angestellten Betrachtungen über die ein-eindeutige Zuordnung voneinander abhängiger Größen, jedes unterhalb der Abszissenachse, also im dritten oder vierten Quadranten liegende Projektionslot (B_4C_4) und jede links von der Ordinatenachse, also im zweiten oder dritten Quadranten liegende Projektion (C_3A) als negative Größe in die Rechnung einzuführen.

Der bewegliche Radius, eine Größe, deren Länge überhaupt keine Veränderung erfährt, ist als absolute Größe anzusehen. Die Vorzeichen der Projektionen und Projektionslote sind als Ausdruck für den diesen Größen innewohnenden **Richtungssinn** aufzufassen. Diese Bemerkung wird klar, wenn man z. B. die Änderung in der Größe des Projektionslotes beachtet, die stattfindet, während der bewegliche Radius eine Gegenzeigerdrehung durch die Quadranten ausführt. Durchläuft er den ersten Quadranten, so wächst das Projektionslot stetig von Null bis zur Größe der Längeneinheit, bei der Drehung durch den zweiten Quadranten nimmt seine Größe wieder stetig bis Null ab, und beim Eintritt in den dritten Quadranten wächst das Projektionslot wieder, aber **in der entgegengesetzten Richtung** wie vorher. Eine ähnliche Betrachtung gilt für die Projektion beim Übergang des beweglichen Radius aus dem ersten in den zweiten und aus dem dritten in den vierten Quadranten. Der bewegliche Radius erfährt zwar bei der Drehung eine stetige Richtungsänderung, kann aber dabei keinen Vorzeichenwechsel erfahren, weil er eine **unveränderliche endliche** Länge besitzt und ein Vorzeichenwechsel für eine stetiger Änderung unterworfene Größe nur da eintreten kann, wo der Wert derselben unendlich groß oder unendlich klein wird.

---

§ 25. Die Erstreckung des erweiterten Bereichs der trigonometrischen Funktionen.

Die neuen Definitionen erklären die trigonometrischen Funktionen zunächst für Winkel zwischen 0^0 und 360^0, reichen aber auch zur Erklärung derselben für Winkel von mehr als 360^0 aus. Jeder solche Winkel läßt sich in der Form $(n \cdot 360^0 + \alpha)$ darstellen, wo n eine ganze Zahl und $0^0 < \alpha < 360^0$ ist. Die drei Größen „beweglicher Radius", „Projektionslot" und „Projektion" für den Winkel $(n \cdot 360^0 + \alpha)$ sind aber identisch mit den entsprechenden Größen für den Winkel α. Daraus folgt allgemein, daß der Wert jeder trigonometrischen Funktion von $(n \cdot 360^0 + \alpha)$ gleich dem Werte derselben Funktion von α ist. Der Wert einer trigonometrischen Funktion eines Winkels bleibt also ungeändert, wenn man den Winkel um eine beliebige Anzahl ganzer Vielfacher von 360^0 vermehrt oder vermindert. Bedeutet $\varphi(\alpha)$

irgend eine trigonometrische Funktion des Winkels α und n eine ganze Zahl, so ist demnach

$$\varphi(\alpha) = \varphi(\alpha \pm n \cdot 360^\circ).$$

Durch diese Beziehung ist auch die Möglichkeit gegeben, die trigonometrischen Funktionen negativer Winkel in die Rechnung einzuführen. Als negativer Winkel ist auf Grund der Festsetzungen in § 23 ein Winkel anzusehen, dessen einer Schenkel in die Richtung der positiven Abszissenachse fällt, und dessen Fläche durch den beweglichen Radius bei einer Zeigerdrehung bestrichen wird. Es ist immer möglich, durch Addition einer ganzen Anzahl Vielfacher von 360° einen Winkel zwischen 0° und 360° zu finden, dessen trigonometrische Funktionen mit denen eines solchen negativen Winkels übereinstimmen. Es wird demnach für die weitere Betrachtung im allgemeinen genügen, die trigonometrischen Funktionen für Winkelwerte zwischen 0° und 360° zu betrachten.

---

§ 26. Die Gültigkeit der Fundamentalbeziehungen für den erweiterten Bereich.

Die in § 8 eingeführten Fundamentalbeziehungen zwischen den trigonometrischen Funktionen eines Winkels gelten auch im erweiterten Bereich. Denn dieselben beruhen teils auf Identitäten, teils auf Größenbeziehungen der Seitenquadrate eines rechtwinkligen Dreiecks. Fig. 16 zeigt, daß die in Rede stehenden Größen auch im erweiterten Bereiche dieselben Beziehungen als Stücke rechtwinkliger Dreiecke zueinander besitzen, wie im ursprünglichen Bereiche.

Demnach ist die im § 10 gegebene Darstellung aller trigonometrischen Funktionen eines Winkels durch eine derselben, da sie durch die Gleichungen von § 8 vermittelt wird, auch im erweiterten Bereiche zulässig. Einer besonderen Prüfung bedarf nur die Frage, wann die Werte der vorkommenden Quadratwurzeln im erweiterten Bereich positiv und wann negativ zu wählen sind. Die Entscheidung darüber wird im folgenden getroffen werden.

---

§ 27. Die Vorzeichen der Funktionen in den vier Quadranten.

Aus den Definitionen der trigonometrischen Funktionen und der getroffenen Bestimmung, daß die Projektionen im zweiten und dritten, die Projektionslote im dritten und vierten Quadranten als negativ gerechnet werden sollen, ergibt sich folgende Vorzeichentabelle für die Werte der trigonometrischen Funktionen in den vier Quadranten:

	I	II	III	IV
sin	+	+	−	−
cos	+	−	−	+
tg	+	−	+	−
cotg	+	−	+	−

Der Sinus eines Winkels in den beiden ersten Quadranten, der Kosinus eines Winkels im ersten und letzten Quadranten, der Tangens und der Kotangens eines Winkels im ersten und dritten Quadranten haben positiven Wert. Der Sinus eines Winkels in den beiden letzten Quadranten, der Kosinus eines Winkels in den mittleren beiden Quadranten, der Tangens und der Kotangens eines Winkels im zweiten und vierten Quadranten haben negativen Wert.

§ 28. Entgegengesetzt gleiche Funktionswerte für verschiedene Winkel.

Setzt man in Fig. 17 $\angle Q_1AX = \alpha_1$, und mißt man alle Winkel von der positiven Abszissenachse aus durch eine Gegenzeigerdrehung, so ist $\angle Q_2AX = 180^0 - \alpha_1$, $\angle Q_3AX = 180^0 + \alpha_1$, $\angle Q_4AX = 360^0 - \alpha_1$. Für alle vier Winkel haben die zugehörigen Projektionen und die zugehörigen Projektionslote beziehungsweise gleiche Längen. Bezeichnet man mit $|\varphi(\alpha)|$ den **absoluten** Wert, den eine trigonometrische Funktion φ, vom Vorzeichen abgesehen, für den Winkelwert α annimmt, und setzt man zur Abkürzung $180^0 - \alpha_1 = \alpha_2$, $180^0 + \alpha_1 = \alpha_3$, $360^0 - \alpha_1 = \alpha_4$, so ist

$$|\varphi(\alpha_1)| = |\varphi(\alpha_2)| = |\varphi(\alpha_3)| = |\varphi(\alpha_4)|.$$

So ist beispielsweise

$$|\cos 63^0| = |\cos 117^0| = |\cos 243^0| = |\cos 297^0| .$$

Um von den absoluten Werten der Funktionen auf die mit Vorzeichen versehenen überzugehen, muß man neben den Gleichungen dieses Paragraphen die Vorzeichentabelle des vorigen beachten. Dann erhält man die Gleichungen:

$$\begin{aligned} \sin\alpha_1 &= \sin\alpha_2 = -\sin\alpha_3 = -\sin\alpha_4 , \\ \cos\alpha_1 &= -\cos\alpha_2 = -\cos\alpha_3 = \cos\alpha_4 , \\ \operatorname{tg}\alpha_1 &= -\operatorname{tg}\alpha_2 = \operatorname{tg}\alpha_3 = -\operatorname{tg}\alpha_4 , \\ \operatorname{cotg}\alpha_1 &= -\operatorname{cotg}\alpha_2 = \operatorname{cotg}\alpha_3 = -\operatorname{cotg}\alpha_4 . \end{aligned}$$

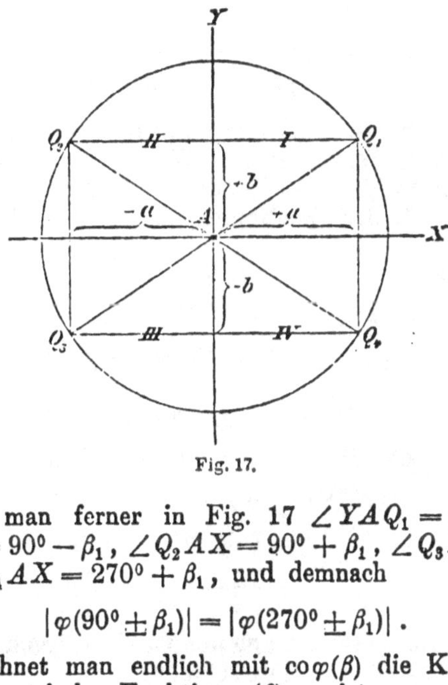

Fig. 17.

Setzt man ferner in Fig. 17 $\angle YAQ_1 = \beta_1$, so ist $\angle Q_1AX = 90^0 - \beta_1$, $\angle Q_2AX = 90^0 + \beta_1$, $\angle Q_3AX = 270^0 - \beta_1$, $\angle Q_4AX = 270^0 + \beta_1$, und demnach

$$|\varphi(90^0 \pm \beta_1)| = |\varphi(270^0 \pm \beta_1)| .$$

Bezeichnet man endlich mit $\operatorname{co}\varphi(\beta)$ die Ko-Funktion der trigonometrischen Funktion $\varphi(\beta)$, so ist wegen der Gleichheit von $\varphi(\beta_1)$ und $\operatorname{co}\varphi(90^0 - \beta_1)$

$$|\varphi(270^0 \pm \beta_1)| = |\varphi(90^0 \pm \beta_1)| = |\operatorname{co}\varphi(\beta_1)| .$$

Berücksichtigt man wieder die Vorzeichentabelle des vorigen Paragraphen, so folgt

$$\begin{aligned}
\sin\beta &= \cos(90^0-\beta) = -\cos(90^0+\beta) = -\cos(270^0-\beta) = +\cos(270^0+\beta),\\
\cos\beta &= \sin(90^0-\beta) = +\sin(90^0+\beta) = -\sin(270^0-\beta) = -\sin(270^0+\beta),\\
\mathrm{tg}\,\beta &= \mathrm{cotg}(90^0-\beta) = -\mathrm{cotg}(90^0+\beta) = +\mathrm{cotg}(270^0-\beta) = -\mathrm{cotg}(270^0+\beta),\\
\mathrm{cotg}\,\beta &= \mathrm{tg}(90^0-\beta) = -\mathrm{tg}(90^0+\beta) = +\mathrm{tg}(270^0-\beta) = -\mathrm{tg}(270^0+\beta).
\end{aligned}$$

Allgemein merke man:

Jede trigonometrische Funktion $\varphi(x)$ eines Winkels x von mehr als 90^0 läßt sich sowohl durch die Funktion selbst eines spitzen Winkels α, als auch durch die Kofunktion des spitzen Winkels $\beta = 90^0 - \alpha$ darstellen. Setzt man $x = 180^0 \pm \alpha$ oder $x = 360^0 - \alpha$, so ist

$$|\varphi(x)| = |\varphi(\alpha)|.$$

Setzt man $x = 90^0 \pm \beta$ oder $x = 270^0 \pm \beta$, so ist

$$|\varphi(x)| = |\mathrm{co}\varphi(\beta)|.$$

Vorzeichenwechsel der Funktion findet bei diesem Übergang vom Winkel x zum Winkel α oder β nur dann statt, wenn in der Tabelle des § 27 das Vorzeichen der Funktion φ für den Quadranten, in dem der Winkel x liegt, negativ ist.

Beispiele: Es ist

$$\begin{aligned}
\sin 297^0 &= \sin 243^0 = -\sin 117^0 = -\sin 63^0 = -\cos 27^0,\\
\mathrm{tg}\,333^0 &= -\mathrm{tg}\,207^0 = +\mathrm{tg}\,153^0 = -\mathrm{tg}\,27^0 = -\mathrm{cotg}\,63^0,
\end{aligned}$$

und

$$\begin{aligned}
\sin 155^0 &= \sin 25^0 = \cos 65^0,\\
\cos 210^0 &= -\cos 30^0 = -\sin 60^0,\\
\mathrm{tg}\,285^0 &= -\mathrm{tg}\,75^0 = -\mathrm{cotg}\,15^0,\\
\mathrm{cotg}\,141^0 &= -\mathrm{cotg}\,39^0 = -\mathrm{tg}\,51^0.
\end{aligned}$$

---

§ 29. Erweiterte Benutzung der Tafeln trigonometrischer Funktionen.

Die Tafeln der trigonometrischen Funktionen und der Logarithmen derselben enthalten nur die Winkel von 0^0 bis 90^0 und die zugehörigen Funktionswerte. Sucht man den Funktionswert eines Winkels von mehr als 90°, so formt man die Funktion in eine andere gleichen Wertes um, deren Argument kleiner als 90° ist, und sucht für die neue Funktion den zugehörigen Wert in der Tafel auf. So findet man beispielsweise

$$\cos 297^0 = \cos 63^0 = 0{,}45399\,,$$
$$\mathrm{tg}\, 285^0 = -\mathrm{cotg}\, 15^0 = -3{,}73205\,.$$

Ist umgekehrt der Winkel zu suchen, für den eine gegebene Funktion einen gegebenen Wert hat, so ist zu beachten, daß auf Grund der Gleichungen des § 28 es im Bereich von 0° bis 360° außer dem Tafelwert des Winkels einen zweiten Winkelwert gibt, für den die Funktion den gegebenen Wert annimmt.

Man findet z. B. für $\sin x = 0{,}51753$ $x = 31^0 10'$ als Tafelwert, und außerdem auf Grund von § 28

$$x = 180^0 - 31^0 10' = 148^0 50'.$$

Ebenso folgt:

$$\begin{array}{r|l} \cos x = 0{,}54951 & x = 56^0 40' \text{ und } x = 360^0 - 56^0 40' = 303^0 20', \\ \mathrm{tg}\, x = 0{,}94896 & x = 43^0 30' \text{ und } x = 180^0 + 43^0 30' = 223^0 30', \\ \mathrm{cotg}\, x = 0{,}15838 & x = 81^0\ 0' \text{ und } x = 180^0 + 81^0\ 0' = 261^0\ 0'. \end{array}$$

Wie die zu negativen Funktionswerten zugehörigen Winkelwerte zu finden sind, zeigen folgende Beispiele:

Aus $\sin x = -0{,}51753$ folgt

$$\sin(180^0 + x) = 0{,}51753 \quad \text{und} \quad \sin(360^0 - x) = 0{,}51753$$

Die Tafel ergibt

$$180^0 + x = 31^0 10' (+360^0) \quad \text{und} \quad 360^0 - x = 31^0 10',$$

und daraus folgt

$$x = 211^0 10' \quad \text{und} \quad x = 328^0 50'.$$

Auf ähnliche Weise folgt:

$$\begin{array}{r|l} \cos x = -0{,}54951 & x = 123^0 20' \text{ und } x = 236^0 40', \\ \mathrm{tg}\, x = -0{,}94896 & x = 136^0 30' \text{ und } x = 316^0 30', \\ \mathrm{cotg}\, x = -0{,}15838 & x = \ \ 99^0\ 0' \text{ und } x = 279^0\ 0'. \end{array}$$

Die Logarithmen der trigonometrischen Funktionen können in den Tafeln nur aufgeschlagen werden, wenn die Funktionen positiven Wert haben. Hat eine Funktion negativen Wert, so ist der Ausdruck, in dem sie vorkommt, für die logarithmische Rechnung so umzuformen, daß die Berücksichtigung des negativen Zeichens erst nach Beendigung der logarithmischen Rechnung zu erfolgen braucht.

Beispiel: Aus

$$A = \frac{1231 \cdot \cos 147^0}{\sin 121^0} = \frac{1231 \cdot (-\cos 33^0)}{\sin 59^0}$$

folgt

$$-A = \frac{1231 \cdot \cos 33^0}{\sin 59^0}$$

$$\begin{aligned} \log 1231 &= 3{,}09026 \\ \log \cos 33^0 &= 9{,}92359 - 10 \\ & 3{,}01385 \\ \log \sin 59^0 &= 9{,}93307 - 10 \\ N\,3{,}08078 &= 1204{,}4 \end{aligned}$$

$$-A = 1204{,}4$$
$$A = -1204{,}4\,.$$

§ 30. Die Werte der Funktionen für $\angle \alpha = n \cdot 90^0$ $(n = 0, 1, 2, 3, 4)$.

In der folgenden Tabelle werden die Werte der Längen, welche das zugehörige Projektionslot und die zugehörige Projektion für die Winkel $\alpha = 0^0$, 90^0, 180^0, 270^0, 360^0 annehmen, zusammengestellt. (Vgl. Fig. 17.)

Bewegl. Radius = 1.

α	Projektionslot	Projektion
0^0	∓ 0	$+1$
90^0	$+1$	± 0
180^0	± 0	-1
270^0	-1	∓ 0
360^0	∓ 0	$+1$

Aus dieser Tabelle ergeben sich die Werte der trigonometrischen Funktionen für dieselben Winkel folgendermaßen:

α	sin	cos	tg	cotg
0^0	∓ 0	$+1$	∓ 0	$\mp\infty$
90^0	$+1$	± 0	$\pm\infty$	± 0
180^0	± 0	-1	∓ 0	$\mp\infty$
270^0	-1	∓ 0	$\pm\infty$	± 0
360^0	∓ 0	$+1$	∓ 0	$\mp\infty$

§ 31. Graphische Darstellung des Verlaufs der Funktionen von $\angle\alpha$ im Intervall von 0^0 bis 360^0.

Die beste Anschauung vom Verlauf der trigonometrischen Funktionen gewinnt man durch die Erweiterung der in § 15 gegebenen graphischen Darstellung auf den Winkelbereich von 0^0 bis 360^0.

Eine Erweiterung der Tabelle in § 14 ergibt:

α	sin	α	sin
0^0 oder 180^0	0,000	180^0 oder 360^0	0,000
10^0 „ 170^0	+0,174	190^0 „ 350^0	−0,174
20^0 „ 160^0	+0,342	200^0 „ 340^0	−0,342
30^0 „ 150^0	+0,500	210^0 „ 330^0	−0,500
40^0 „ 140^0	+0,643	220^0 „ 320^0	−0,643
45^0 „ 135^0	+0,707	225^0 „ 315^0	−0,707
50^0 „ 130^0	+0,766	230^0 „ 310^0	−0,766
60^0 „ 120^0	+0,866	240^0 „ 300^0	−0,866
70^0 „ 110^0	+0,940	250^0 „ 290^0	−0,940
80^0 „ 100^0	+0,985	260^0 „ 280^0	−0,985
90^0	+1,000	270^0	−1,000

Entsprechende Erweiterungen bestehen für die Funktionen cosinus, tangens, cotangens.

Trägt man nun auf die in § 15 beschriebene Art die Winkelwerte als Abszissen, die Funktionswerte als zugehörige

Ordinaten in ein rechtwinkliges Koordinatensystem ein, und verbindet man die zusammengehörigen Endpunkte, so erhält man vier Kurven, die den Verlauf der Sinuslinie, der Kosinuslinie, der Tangenslinie und der Kotangenslinie für alle Winkelwerte von 0° bis 360° darstellen.

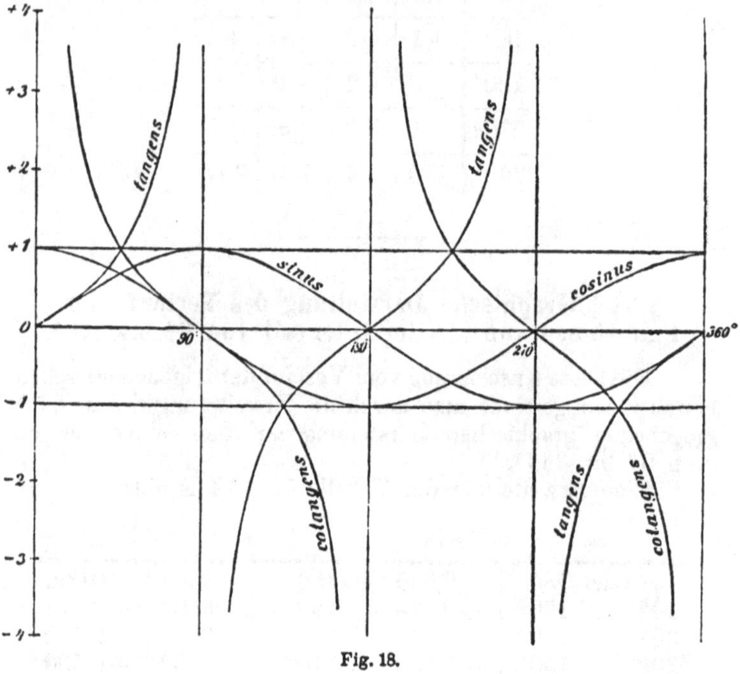

Fig. 18.

Die Figur 18 enthält eine Darstellung der in den §§ 28 und 30 niedergelegten Formeln. Man erkennt, daß im Bereiche $0^\circ < \alpha < 360^\circ$ die Funktionen Sinus und Kosinus jeden Wert des Intervalles -1 bis $+1$ und die Funktionen Tangens und Kotangens jeden Wert des Intervalles $-\infty$ bis $+\infty$ zweimal annehmen, sowie daß

$$\sin\alpha = \sin(180^\circ - \alpha),$$
$$\cos\alpha = \cos(360^\circ - \alpha),$$
$$\operatorname{tg}\alpha = \operatorname{tg}(180^\circ + \alpha),$$
$$\operatorname{cotg}\alpha = \operatorname{cotg}(180^\circ + \alpha) \text{ ist.}$$

§ 32. Periodizitäts- und Symmetrieverhältnisse der Funktionen.

Denkt man sich die graphische Darstellung des Verlaufes der trigonometrischen Funktionen auch für negative Winkel und für Winkel von mehr als 360° mit Hilfe der Bemerkungen in § 25 fortgeführt, so erkennt man folgendes:

Die Sinusfunktion ist eine einfach periodische Funktion ihres reellen Argumentes α. Jedesmal, wenn ihr Argument von einem beliebigen Anfangswert aus um 360° wächst, nimmt die Funktion denselben Wert wieder an. Man nennt 360° die Periode der Funktion. Jede Ordinate in einem Punkte $\alpha = n \cdot 180^0 + 90^0$ $(n = 0, \pm 1, \pm 2, \ldots)$ ist eine Symmetrieachse der graphischen Darstellung dieser Funktion.

Die Kosinusfunktion ist ebenfalls eine periodische Funktion mit der Periode 360°. Jede Ordinate in einem Punkte $\alpha = n \cdot 180^0$ $(n = 0, \pm 1, \pm 2, \ldots)$ ist eine Symmetrieachse für die graphische Darstellung derselben.

Die Funktionen Tangens und Kotangens sind auch periodische Funktionen; ihre Periode beträgt 180°.

Für die Sinuslinie und die Tangenslinie sind die Punkte der Abszisse $\alpha = n \cdot 180^0$, für die Kosinuslinie und die Kotangenslinie aber die Punkte $\alpha = n \cdot 180^0 + 90^0$ Symmetriezentra.

IV. Abschnitt.

Die Berechnung des schiefwinkligen Dreiecks.

§ 33. Der Sinussatz und der Sehnensatz.

Man fälle im Dreieck ABC das Lot $CF = h_c$. Dann ist (Fig. 19)

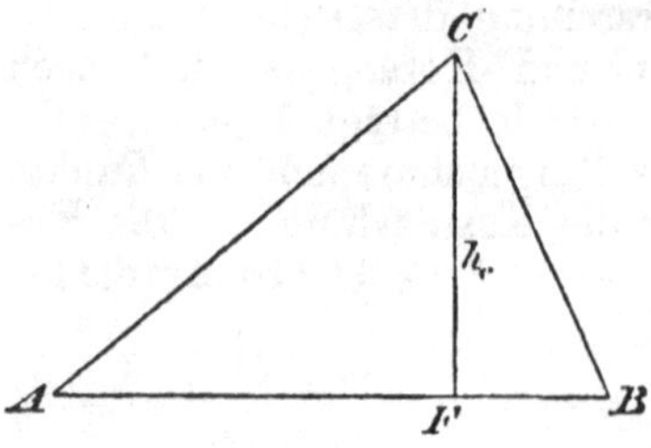

Fig. 19.

$$h_c = b \sin\alpha = a \sin\beta .$$

Analog ist

$$h_b = a \sin\gamma = c \sin\alpha$$

und

$$h_a = b \sin\gamma = c \sin\beta .$$

Aus diesen Gleichungen folgt

$$\frac{a}{\sin\alpha} = \frac{b}{\sin\beta} = \frac{c}{\sin\gamma} .$$

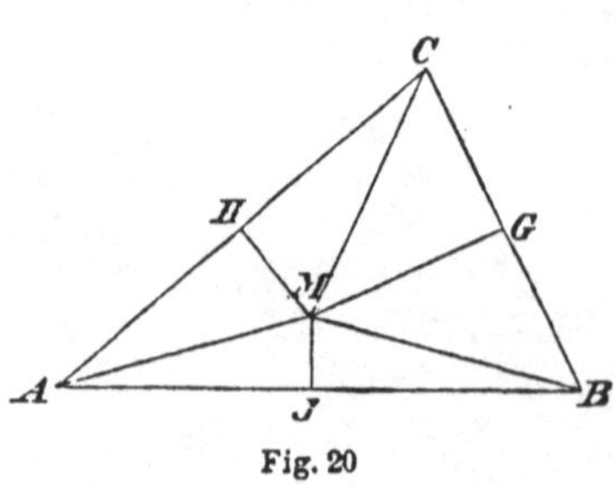

Fig. 20

In jedem Dreieck ist das Verhältnis einer Seite zum Sinus des Gegenwinkels konstant.

Eine andere Ableitung dieses Satzes gibt gleichzeitig eine wichtige Erweiterung desselben: Es seien MG, MH, MJ die Mittellote der Seiten des

Dreiecks, MA, MB, MC Radien (r) seines umschriebenen Kreises. Dann ist $\angle BMG = \alpha$, $\angle CMH = \beta$, $\angle AMJ = \gamma$.

Mithin ist (Fig. 20)

$$a = 2r\sin\alpha,$$
$$b = 2r\sin\beta,$$
$$c = 2r\sin\gamma,$$

oder

$$2r = \frac{a}{\sin\alpha} = \frac{b}{\sin\beta} = \frac{c}{\sin\gamma}.$$

Eine Folgerung dieses Satzes ist

$$h_a = b\sin\gamma = 2r\sin\beta\sin\gamma,$$
$$h_b = c\sin\alpha = 2r\sin\gamma\sin\alpha,$$
$$h_c = a\sin\beta = 2r\sin\alpha\sin\beta.$$

Der Sinussatz in der Form

$$a = 2r\sin\alpha$$

ist ein spezieller Fall folgenden allgemeineren Satzes:

Der Sehnensatz: Jede Sehne eines Kreises ist gleich dem mit dem Sinus ihres Peripheriewinkels multiplizierten Durchmesser desselben.

Beweis: Man ziehe (Fig. 20a) den Durchmesser $BMA = 2r$ durch den Endpunkt der Sehne BC und verbinde A mit C. Dann ist ABC ein rechtwinkliges Dreieck und mithin

$$BC = 2r\sin BAC.$$

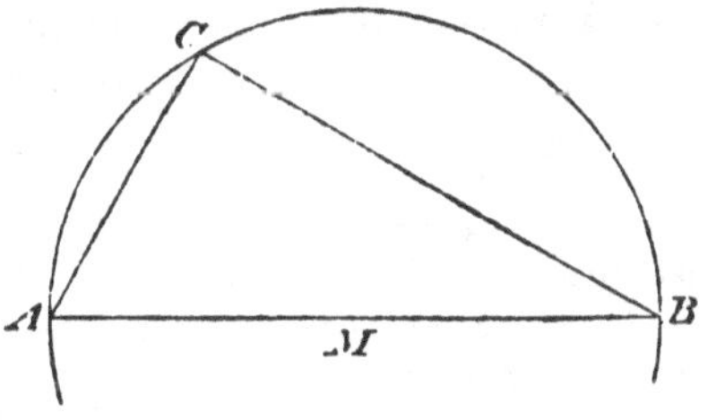

Fig. 20a.

§ 34. Der Kosinussatz.

Die Verallgemeinerung des pythagoreischen Lehrsatzes lautet: Das Quadrat einer Dreiecksseite ist gleich der Summe der Quadrate der beiden andern Seiten, vermehrt oder vermindert um das doppelte Rechteck aus einer dieser beiden Seiten und der Projektion der andern auf sie. Die Vermehrung oder Verminderung findet statt, je nachdem der ersten Seite ein stumpfer oder ein spitzer Winkel gegenüberliegt.

Denn im spitzwinkligen Dreieck ABC (vgl. Fig. 19) ist

$$h_c^2 = b^2 - (AF)^2 = a^2 - (c - AF)^2$$

und daher

$$a^2 = b^2 + c^2 - 2c \cdot AF,$$

und im stumpfwinkligen Dreieck $A'B'C'$ (Fig. 21) folgt analog

$$a^2 = b^2 + c^2 + 2c \cdot A'F'.$$

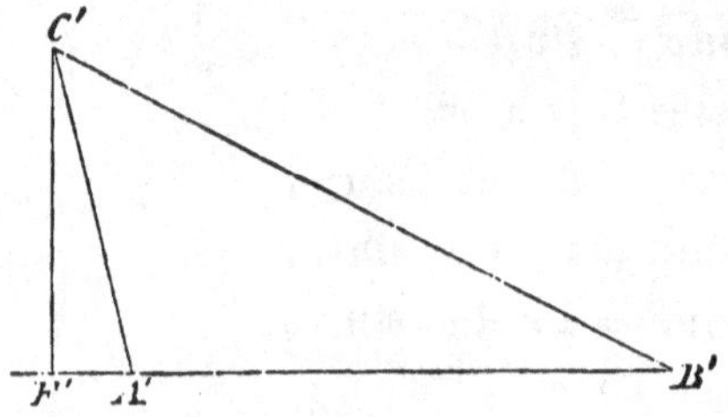

Fig. 21.

Hier ist

$$AF = b \cos\alpha,$$

$$A'F' = b \cos(180^0 - \alpha)$$

$$= -b \cos\alpha.$$

Setzt man diese Werte in die beiden Gleichungen ein, so erhält man die sowohl für das spitzwinklige wie für das stumpfwinklige Dreieck gültige Gleichung:

$$\boldsymbol{a^2 = b^2 + c^2 - 2bc\cos\alpha.}$$

Durch analoge Betrachtungen folgt

$$\boldsymbol{b^2 = c^2 + a^2 - 2ca\cos\beta,}$$

$$\boldsymbol{c^2 = a^2 + b^2 - 2ab\cos\gamma.}$$

In jedem Dreieck ist das Quadrat einer Seite gleich der Summe der Quadrate der beiden andern Seiten, vermindert um das mit dem Kosinus des eingeschlossenen Winkels multiplizierte doppelte Rechteck aus diesen beiden Seiten.

Aus den drei Gleichungen des Kosinussatzes ergibt sich auch

$$\boldsymbol{\cos\alpha = \frac{b^2 + c^2 - a^2}{2bc},}$$

$$\boldsymbol{\cos\beta = \frac{c^2 + a^2 - b^2}{2ca},}$$

$$\boldsymbol{\cos\gamma = \frac{a^2 + b^2 - c^2}{2ab}.}$$

§ 35. Die Anwendung des Sinussatzes und des Kosinussatzes zur Berechnung des schiefwinkligen Dreiecks.

1) Gegeben sind die drei Seiten $a = 10$ m, $b = 11$ m, $c = 5$ m. Gesucht werden die Winkel α, β, γ.

Lösung:

$$\cos\alpha^* = \frac{b^2 + c^2 - a^2}{2bc} = 0{,}41818\,, \quad \alpha^* = 65^\circ 17',$$

$$\cos\beta^* = \frac{c^2 + a^2 - b^2}{2ca} = 0{,}04000\,, \quad \beta^* = 87^\circ 42',$$

$$\cos\gamma^* = \frac{a^2 + b^2 - c^2}{2ab} = 0{,}89091\,, \quad \gamma^* = 27^\circ 1'.$$

$$\alpha + \beta + \gamma = 180^\circ.$$

2) Gegeben sind zwei Seiten $a = 4$ m, $b = 11$ m und der eingeschlossene Winkel $\gamma = 117^\circ$. Gesucht werden c, α, β.

Lösung:

$$c^{*2} = a^2 + b^2 - 2ab\cos\gamma = 137 + 88\cos 63^\circ$$

$$\begin{aligned} \log\cos 63^\circ &= 9{,}65705 - 10 \\ \log 88 &= 1{,}94448 \\ N\,1{,}60153 &= 39{,}951 \end{aligned}$$

$$c^* = \sqrt{176{,}951}\text{ m} = 13{,}302\text{ m}.$$

$$\frac{\sin\alpha^*}{a} = \frac{\sin\gamma}{c}\,, \quad \sin\alpha^* = \frac{a\sin\gamma}{c}$$

$$\begin{aligned} \log 4 &= 0{,}60206 \\ \log\sin 63^\circ &= 9{,}94988 - 10 \\ &\ 0{,}55194 \\ \log 13{,}302 &= 1{,}12393 \\ &\ 9{,}42800 - 10, \quad \alpha^* = 15^\circ 32' 26''. \end{aligned}$$

$$\frac{\sin\beta^*}{b} = \frac{\sin\gamma}{c}\,, \quad \sin\beta^* = \frac{b\sin\gamma}{c}$$

$$\begin{aligned} \log 11 &= 1{,}04139 \\ \log\sin 63^\circ &= 9{,}94988 - 10 \\ &\ 0{,}99127 \end{aligned}$$

$$\begin{array}{r} 0{,}99127 \\ \log 13{,}302 = \underline{1{,}12393} \\ 9{,}86734 - 10, \quad \beta^* = 47^0\,27'34''. \end{array}$$

$$\begin{array}{rl} \text{Probe: } \alpha = & 15^0\,32'26'' \\ \beta = & 47^0\,27'34'' \\ \gamma = & \underline{117^0} \\ & 180^0\;0'\;0''. \end{array}$$

Verzichtet man in den Aufgaben 1. und 2. auf die Probe, so wird der dritte Winkel kürzer als Supplement zur Summe der beiden gefundenen Winkel bestimmt.

3a) Gegeben sind 2 Seiten $a = 0{,}432$ m, $b = 0{,}761$ m und der Gegenwinkel der **größeren** Seite $\beta = 59^0\,14'$. Gesucht werden c, α, γ.

Lösung:

$$\frac{\sin\alpha^*}{a} = \frac{\sin\beta}{b}, \quad \sin\alpha^* = \frac{a \sin\beta}{b}$$

$$\begin{array}{r} \log 0{,}432 = 9{,}63548 - 10 \\ \log\sin 59^0\,14' = \underline{9{,}93412 - 10} \\ 9{,}56960 - 10 \\ \log 0{,}761 = \underline{9{,}88138 - 10} \\ 9{,}68822 - 10 \end{array}$$

Aus $\log\sin\alpha = 9{,}68822 - 10$ folgt $\alpha_1 = 29^0\,11'39''$,
$\alpha_2 = 150^0\,48'21''$.

Da aber $\alpha < \beta$ sein muß, so ist hier $\alpha^* = 29^0\,11'39''$.

$\gamma^* = 180^0 - (\alpha + \beta) = 91^0\,34'21''$.

$$\frac{c^*}{\sin\gamma} = \frac{b}{\sin\beta}, \quad c^* = \frac{b \sin\gamma}{\sin\beta}$$

$$\begin{array}{r} \log 0{,}761 = 9{,}88138 - 10 \\ \log\sin 91^0\,34'21'' = \underline{9{,}99983 - 10} \\ 9{,}88121 - 10 \\ \log\sin 59^0\,14' = \underline{9{,}93412 - 10} \\ 9{,}94709 - 10, \quad c^* = 0{,}8853 \text{ m.} \end{array}$$

3b) Gegeben sind 2 Seiten $a = 6$ m, $b = 8$ m und der Gegenwinkel der **kleineren** Seite $\alpha = 40^0$. Gesucht werden c, β, γ.

Lösung:

$$\frac{\sin\beta^*}{b} = \frac{\sin\alpha}{a}, \quad \sin\beta^* = \frac{b\sin\alpha}{a}$$

$$\begin{aligned} \log 8 &= 0{,}90309 \\ \log\sin 40^0 &= \underline{9{,}80807 - 10} \\ &\quad 0{,}71116 \\ \log 6 &= \underline{0{,}77815} \\ &\quad 9{,}93301 - 10 \end{aligned}$$

Aus $\log\sin\beta = 9{,}93301 - 10$ folgt $\beta_1^* = 58^0\,59'\,15''$,

$\beta_2^* = 121^0\,0'\,45''$.

Beide Werte sind brauchbar; die Aufgabe hat, wie aus der Planimetrie schon bekannt, zwei Lösungen.

$$\gamma_1^* = 180 - (\alpha + \beta_1) = 81^0\ \ 0'\,45'',$$
$$\gamma_2^* = 180 - (\alpha + \beta_2) = 18^0\,59'\,15''.$$

$$\frac{c_1^*}{\sin\gamma_1} = \frac{a}{\sin\alpha}, \quad c_1^* = \frac{a\sin\gamma_1}{\sin\alpha},$$

$$\frac{c_2^*}{\sin\gamma_2} = \frac{a}{\sin\alpha}, \quad c_2^* = \frac{a\sin\gamma_2}{\sin\alpha}.$$

Berechnung von c_1:

$$\begin{aligned} \log 6 &= 0{,}77815 \\ \log\sin 81^0\,0'\,45'' &= \underline{9{,}994635 - 10} \\ &\quad 0{,}772785 \\ \log\sin 40^0 &= \underline{9{,}80807 \quad - 10} \\ &\quad 0{,}964715, \qquad c_1^* = 9{,}220 \text{ m.} \end{aligned}$$

Berechnung von c_2:

$$\begin{aligned} \log 6 &= 0{,}77815 \\ \log\sin 18^0\,59'\,15'' &= \underline{9{,}51236 - 10} \\ &\quad 0{,}29051 - 10 \\ \log\sin 40^0 &= \underline{9{,}80807 - 10} \\ &\quad 0{,}48244, \qquad c_2^* = 3{,}037 \text{ m.} \end{aligned}$$

Die Werte c_1 und c_2 können auch durch die Gleichungen

$$c_1 = b\cos\alpha + a\cos\beta_1$$
$$c_2 = b\cos\alpha - a\cos\beta_1$$

gefunden werden, in denen β_1 den Tafelwert des Winkels darstellt.

Allgemein ist bei der Lösung von Dreiecks-Aufgaben zu beachten, daß, wenn man die Größe eines Winkels x aus der Gleichung $\sin x = A$ bestimmt und $x = x_1$ eine Lösung dieser Gleichung ist, $x = 180^0 - x_1$ eine zweite Lösung derselben Gleichung ist. Es bedarf einer Prüfung, ob beide Lösungen der Gleichung Werte von x ergeben, die auch für die gerade vorliegende Aufgabe als Lösungen verwendbar sind.

4) Gegeben sind eine Seite $a = 10$ m und zwei Winkel $\alpha = 37^0$, $\beta = 41^0$. Gesucht werden b, c und γ.

Lösung:

$$\gamma^* = 180^0 - (\alpha + \beta) = 102^0.$$

$$\frac{b^*}{\sin\beta} = \frac{a}{\sin\alpha}, \quad b^* = \frac{a\sin\beta}{\sin\alpha}$$

$$\begin{array}{rl} \log 10 = & 1{,}00000 \\ \log\sin 41^0 = & \underline{9{,}81694 - 10} \\ & 0{,}81694 \\ \log\sin 37^0 = & \underline{9{,}77946 - 10} \\ & 1{,}03748\,, \qquad b^* = 10{,}901 \text{ m.} \end{array}$$

$$\frac{c^*}{\sin\gamma} = \frac{a}{\sin\alpha}, \quad c^* = \frac{a\sin\gamma}{\sin\alpha}$$

$$\begin{array}{rl} \log 10 = & 1{,}00000 \\ \log\sin 102^0 = & \underline{9{,}99040 - 10} \\ & 0{,}99040 \\ \log\sin 37^0 = & \underline{9{,}77946 - 10} \\ & 1{,}21094\,, \qquad c^* = 16{,}253 \text{ m.} \end{array}$$

Für die Rechnung mit großen Zahlen und mit genauen Werten der Winkel und ihrer trigonometrischen Funktionen ist die Anwendung des Kosinussatzes unbequem, da derselbe die Benutzung des Rechenhilfsmittels der Logarithmen nur schwer zuläßt. Es ist daher praktisch, ihn für die genannten Fälle durch zwei Formelgruppen zu ersetzen, die im folgenden unter dem Namen des Tangenssatzes und der Tangensformel abgeleitet werden.

§ 36. **Der Tangenssatz** (Nepersche Gleichungen).

Im Dreieck ABC (Fig. 22) verlängere man BC um CA bis D und verkürze BC um CA bis D'. Ferner verbinde man A mit D und D' und ziehe durch B zu AD' eine Parallele, die die Verlängerung von DA in E schneidet. Dann ist $\angle DAD' = R$, da C als Mittelpunkt eines Kreises angesehen werden kann, der durch D, A und D' geht. Ferner ist auch $\angle DEB = R$. Endlich ist $\angle DBE = \angle DD'A = \frac{\alpha + \beta}{2}$

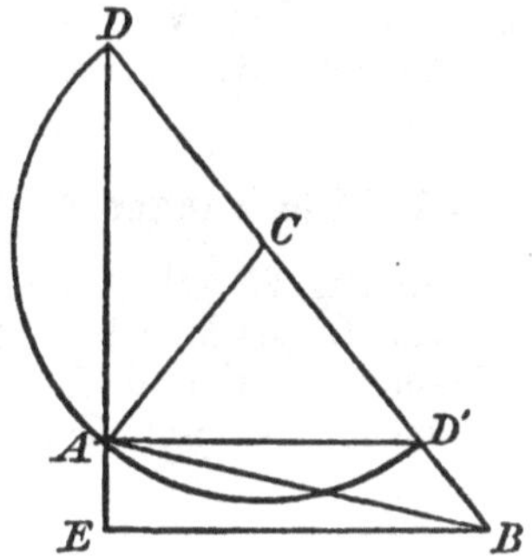

Fig. 22.

und $\angle ABE = \angle D'AB = \frac{\alpha - \beta}{2}$.

In den beiden rechtwinkligen Dreiecken ABE und DBE ist dann

$$\operatorname{tg}\frac{\alpha-\beta}{2} = \frac{AE}{EB} \quad \text{und} \quad \operatorname{tg}\frac{\alpha+\beta}{2} = \frac{DE}{EB}.$$

Mithin ist

$$\frac{\operatorname{tg}\frac{\alpha-\beta}{2}}{\operatorname{tg}\frac{\alpha+\beta}{2}} = \frac{AE}{DE}.$$

Da aber aus Gründen der Proportionalität $\frac{AE}{DE} = \frac{D'B}{DB}$ und ferner $D'B = a - b$ und $DB = a + b$ ist, folgt

$$\frac{\operatorname{tg}\frac{\alpha-\beta}{2}}{\operatorname{tg}\frac{\alpha+\beta}{2}} = \frac{a-b}{a+b}.$$

Entsprechend ist

$$\frac{\operatorname{tg}\frac{\beta-\gamma}{2}}{\operatorname{tg}\frac{\beta+\gamma}{2}} = \frac{b-c}{b+c} \quad \text{und} \quad \frac{\operatorname{tg}\frac{\gamma-\alpha}{2}}{\operatorname{tg}\frac{\gamma+\alpha}{2}} = \frac{c-a}{c+a}.$$

In jedem Dreieck verhält sich der Tangens der halben Differenz zweier Winkel zum Tangens der halben Summe derselben beiden Winkel wie die Differenz der den Winkeln gegenüberliegenden Seiten zur Summe derselben.

---

§ 37. Die Tangensformel oder der Halbwinkelsatz.

In Fig. 23 sei O der Mittelpunkt des einbeschriebenen Kreises, O' der Mittelpunkt des anbeschriebenen Kreises im Winkel α. X und X' seien die Berührungspunkte dieser Kreise mit der Seite BC des Dreiecks. OX werde mit ϱ,

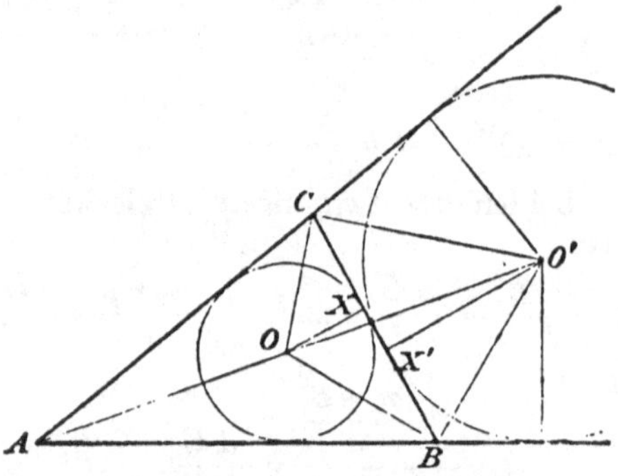

Fig. 23.

$O'X'$ mit ϱ_a bezeichnet. Die Radien der beiden anderen anbeschriebenen Kreise werden entsprechend mit ϱ_b und ϱ_c bezeichnet. Die halbe Summe der drei Dreiecksseiten sei $\frac{a+b+c}{2} = s$. In der Geometrie wird gezeigt, daß $BX = s - b$ und $BX' = s - c$ ist. Der Inhalt $J_{(ABC)}$ des Dreiecks ABC läßt sich auf zwei Weisen ausdrücken: Es ist

$$J_{(ABC)} = J_{(ABO)} + J_{(BCO)} + J_{(CAO)} = \varrho\left(\frac{a+b+c}{2}\right) = \varrho s,$$

und

$$J_{(ABC)} = J_{(ABO')} + J_{(ACO')} - J_{(CBO')} = \varrho_a\left(\frac{b+c-a}{2}\right)$$
$$= \varrho_a(s-a).$$

Mithin ist

(I) $$\varrho s = \varrho_a (s - a)\,.$$

Die rechtwinkligen Dreiecke OXB und $BX'O'$ sind ähnlich, da ihre spitzen Winkel die Größe $\frac{\beta}{2}$, bezw. $90^0 - \frac{\beta}{2}$ haben. Mithin ist

$$\frac{OX}{XB} = \frac{BX'}{X'O}$$

oder

(II) $$\frac{\varrho}{s - b} = \frac{s - c}{\varrho_a}\,.$$

Die Gleichungen (I) und (II) sind geeignet, sowohl ϱ wie ϱ_a durch die Dreiecksseiten auszudrücken:

Aus

$$\varrho \cdot \varrho_a = (s - b)(s - c)$$

und

$$\frac{\varrho}{\varrho_a} = \frac{s - a}{s}$$

folgt durch Multiplikation, bezw. Division der Seiten dieser Gleichungen

(A) $$\varrho = \sqrt{\frac{(s - a)(s - b)(s - c)}{s}}$$

und

(B) $$\varrho_a = \sqrt{\frac{(s - b)(s - c)\, s}{s - a}}\,.$$

Die entsprechenden Gleichungen für ϱ_b und ϱ_c lauten

$$\varrho_b = \sqrt{\frac{(s - a)(s - c)\, s}{(s - b)}}$$

und

$$\varrho_c = \sqrt{\frac{(s - a)(s - b)\, s}{(s - c)}}\,.$$

Nun ist im rechtwinkligen Dreieck OXB

$$\operatorname{tg}\frac{\beta}{2} = \frac{OX}{XB} = \frac{\varrho}{s - b}\,.$$

Setzt man den für ϱ gefundenen Wert in diese Gleichung ein, so ergibt sich die Tangensformel oder der Halbwinkelsatz:

$$\operatorname{tg}\frac{\beta}{2} = \frac{\varrho}{s-b} = \sqrt{\frac{(s-a)(s-c)}{s(s-b)}}.$$

Die entsprechenden Gleichungen zur Bestimmung der anderen beiden Winkel mit Hilfe der Dreiecksseiten lauten

$$\operatorname{tg}\frac{\gamma}{2} = \frac{\varrho}{s-c} = \sqrt{\frac{(s-a)(s-b)}{s(s-c)}},$$

$$\operatorname{tg}\frac{\alpha}{2} = \frac{\varrho}{s-a} = \sqrt{\frac{(s-b)(s-c)}{s(s-a)}}.$$

---

§ 38. Die Anwendung des Tangenssatzes und des Halbwinkelsatzes an Stelle des Kosinussatzes.

1. Gegeben sind die drei Seiten $a = 541$ m, $b = 672$ m, $c = 1081$ m. Gesucht werden die Winkel α, β, γ.

Lösung:

$$\operatorname{tg}\frac{\alpha^*}{2} = \frac{1}{s-a}\cdot\sqrt{\frac{(s-a)(s-b)(s-c)}{s}},$$

$$\operatorname{tg}\frac{\beta^*}{2} = \frac{1}{s-b}\cdot\sqrt{\frac{(s-a)(s-b)(s-c)}{s}},$$

$$\operatorname{tg}\frac{\gamma^*}{2} = \frac{1}{s-c}\cdot\sqrt{\frac{(s-a)(s-b)(s-c)}{s}}.$$

$s-a = 606$, $\log(s-a) = 2{,}78247$

$s-b = 475$, $\log(s-b) = 2{,}67669$

$s-c = 66$, $\log(s-c) = 1{,}81954$

7,27870

$s = 1147$, $\log s = 3{,}05956$

2) 4,21914

2,10957

$$\log \operatorname{tg}\frac{\alpha^*}{2} = 9{,}32710 - 10\,, \quad \frac{\alpha^*}{2} = 11^0\,59'\,24'',$$
$$\log \operatorname{tg}\frac{\beta^*}{2} = 9{,}43288 - 10\,, \quad \frac{\beta^*}{2} = 15^0\;\;9'\,36'',$$
$$\log \operatorname{tg}\frac{\gamma^*}{2} = 10{,}29003 - 10\,, \quad \frac{\gamma^*}{2} = 62^0\,51'\;\;0''.$$
$$\frac{\alpha+\beta+\gamma}{2} = 90^0.$$

$\alpha = 23^0\,58'\,48''$, $\beta = 30^0\,19'\,12''$, $\gamma = 125^0\,42'\,0''$.

Zu rascher, angenäherter Berechnung eignet sich als Beispiel $a = 15$ m, $b = 19$ m, $c = 22$ m.

Lösung (angenähert): $\varrho = 5$, $J = 140{,}2$, $\alpha = 42^0\,8'$, $\beta = 58^0\,10'$, $\gamma = 79^0\,42'$.

2. Gegeben sind zwei Seiten $a = 781$ m, $b = 532$ m und der eingeschlossene Winkel $\gamma = 59^0\,14'$. Gesucht werden c, α, β.

Lösung:

$$\left(\frac{\alpha+\beta}{2}\right)^* = 90^0 - \frac{\gamma}{2} = 60^0\,23'.$$
$$\operatorname{tg}\left(\frac{\alpha-\beta}{2}\right)^* = \operatorname{tg}\left(\frac{\alpha+\beta}{2}\right)\cdot\frac{a-b}{a+b}$$

$$\begin{aligned}
\log \operatorname{tg}\frac{\alpha+\beta}{2} &= 0{,}24530\\
\log(a-b) &= \underline{2{,}39620}\\
&\; 2{,}64150\\
\log(a+b) &= \underline{3{,}11826}\\
&\; 9{,}52324 - 10\,, \quad \left(\frac{\alpha-\beta}{2}\right)^* = 18^0\,26'\,57''.
\end{aligned}$$

$$\frac{\alpha+\beta}{2} + \frac{\alpha-\beta}{2} = \alpha^* = 78^0\,49'\,57'',$$
$$\frac{\alpha+\beta}{2} - \frac{\alpha-\beta}{2} = \beta^* = 41^0\,56'\,3''.$$
$$\frac{c^*}{\sin\gamma} = \frac{a}{\sin\alpha}, \quad c^* = \frac{a\sin\gamma}{\sin\alpha}$$

$$\begin{aligned}
\log 781 &= 2{,}89265\\
\log\sin\gamma &= \underline{9{,}93412 - 10}\\
&\; 2{,}82677\\
\log\sin\alpha &= \underline{9{,}99169 - 10}\\
&\; 2{,}83508\\
c^* &= 684{,}03 \text{ m}.
\end{aligned}$$

Aus § 35 und diesem Paragraphen ergibt sich, daß zur Berechnung eines Dreiecks der Sinussatz anzuwenden ist, wenn eine Seite und zwei Winkel, oder zwei Seiten und der Gegenwinkel einer dieser Seiten gegeben sind. Wenn die drei Seiten gegeben sind, muß der Kosinussatz oder die Tangensformel gebraucht werden, und wenn zwei Seiten und der eingeschlossene Winkel gegeben sind, ist der Kosinussatz oder der Tangenssatz mit darauf folgendem Sinussatz zu benutzen.

---

§ 39. Die Inhaltsberechnung des Dreiecks.

Es ist

(1) $$J_{(ABC)} = \frac{a h_a}{2} = \frac{b h_b}{2} = \frac{c h_c}{2}.$$

Setzt man in dieser Gleichung

$$h_a = b \sin\gamma, \quad h_b = c \sin\alpha, \quad h_c = a \sin\beta,$$

so folgt

(2) $$J_{(ABC)} = \frac{ab}{2}\sin\gamma = \frac{bc}{2}\sin\alpha = \frac{ac}{2}\sin\beta.$$

Setzt man in dieser Gleichung bezw.

$$b = \frac{a \sin\beta}{\sin\alpha}, \quad c = \frac{b\sin\gamma}{\sin\beta}, \quad a = \frac{c \sin\alpha}{\sin\gamma},$$

so folgt

(3) $$J_{(ABC)} = \frac{a^2}{2}\,\frac{\sin\beta\sin\gamma}{\sin\alpha} = \frac{b^2}{2}\,\frac{\sin\gamma\sin\alpha}{\sin\beta} = \frac{c^2}{2}\,\frac{\sin\alpha\sin\beta}{\sin\gamma}.$$

Setzt man in dieser Gleichung

$$a = 2r\sin\alpha, \quad b = 2r\sin\beta, \quad c = 2r\sin\gamma,$$

so folgt

(4) $$J_{(ABC)} = 2r^2 \sin\alpha\sin\beta\sin\gamma.$$

Setzt man in den im § 37 genannten Formeln

(5) $$J_{(ABC)} = \varrho s = \varrho_a(s-a) = \varrho_b(s-b) = \varrho_c(s-c)$$

die für die Radien des einbeschriebenen Kreises und der anbeschriebenen Kreise gefundenen Werte ein, so erhält man die bekannte Formel

$$(6) \qquad J_{(ABC)} = \sqrt{s(s-a)(s-b)(s-c)}\,.$$

Endlich findet die aus der Geometrie bekannte Formel

$$(7) \qquad J_{(ABC)} = \frac{abc}{4r}$$

ihre Bestätigung, wenn man $a = 2r\sin\alpha$ setzt, wodurch die Gleichung in die vorher abgeleitete $J_{(ABC)} = \frac{bc}{2}\sin\alpha$ übergeht.

Durch Multiplikation der drei Gleichungen des Halbwinkelsatzes (§ 37) und mit Rücksicht auf die Formeln (5) und (7) dieses Paragraphen findet man

$$(8) \qquad J_{(ABC)} = \varrho^2 \operatorname{cotg}\frac{\alpha}{2}\operatorname{cotg}\frac{\beta}{2}\operatorname{cotg}\frac{\gamma}{2}$$

und

$$(9) \qquad J_{(ABC)} = s^2 \operatorname{tg}\frac{\alpha}{2}\operatorname{tg}\frac{\beta}{2}\operatorname{tg}\frac{\gamma}{2}\,.$$

---

§ 40. Verifikation metrischer Beziehungen am Dreieck.

Mit Hilfe der trigonometrischen Beziehungen ist es leicht, zahlreiche aus der Geometrie bekannte metrische Beziehungen zu bestätigen.

Einige Beispiele mögen dies erläutern:

1. Sind v und w die Abschnitte, in welche die Halbierungslinie des Winkels α die Gegenseite a zerlegt (Fig. 24), so ist

$$v = \frac{b\cdot\sin\frac{\alpha}{2}}{\sin x},$$

$$w = \frac{c\cdot\sin\frac{\alpha}{2}}{\sin(180^0 - x)}$$

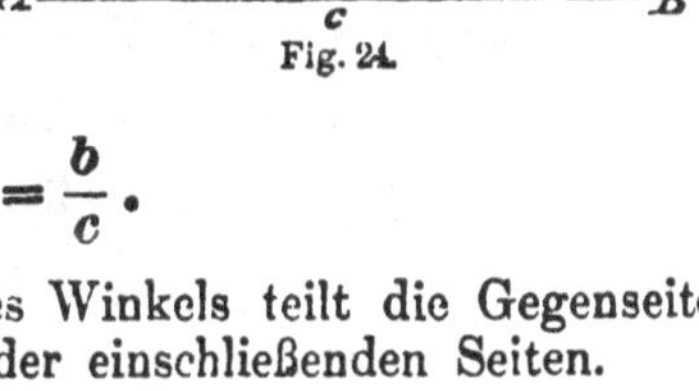

Fig. 24.

oder, da

$\sin x = \sin(180^0 - x)$ ist,

$$\frac{v}{w} = \frac{b}{c}\,.$$

Die Halbierungslinie des Winkels teilt die Gegenseite des Dreiecks im Verhältnis der einschließenden Seiten.

2. Die Relation am Dreieck

$$bc = 2rh_a$$

ergibt sich als richtig, sobald man $b = 2r\sin\beta$, $c = 2r\sin\gamma$ und $h_a = 2r\sin\beta\sin\gamma$ setzt.

3. Ist t_a die Mitteltransversale des Dreiecks ABC von der Ecke A aus (Fig. 25), so ist

$$\left(\frac{a}{2}\right)^2 + t_a^2 - 2\cdot\frac{a}{2}t_a\cos x = b^2$$

$$\left(\frac{a}{2}\right)^2 + t^2 - 2\cdot\frac{a}{2}t_a\cos(180^0 - x) = c^2 .$$

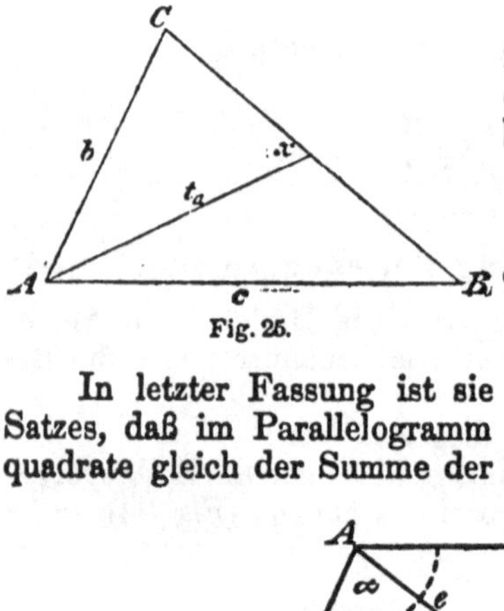

Fig. 25.

Da $\cos(180^0 - x) = -\cos x$ ist, folgt aus diesen Gleichungen durch Addition die bekannte Beziehung

$$\frac{a^2}{2} + 2t_a^2 = b^2 + c^2$$

oder

$$a^2 + 4t_a^2 = 2b^2 + 2c^2 .$$

In letzter Fassung ist sie eine unmittelbare Folge des Satzes, daß im Parallelogramm die Summe der Diagonalenquadrate gleich der Summe der Quadrate der vier Seiten ist.

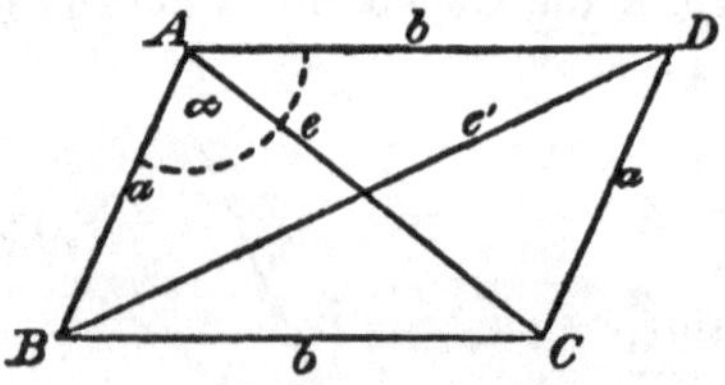

Fig. 25 a.

Der trigonometrische Beweis dieses Satzes lautet (Fig. 25 a):

$$e^2 = a^2 + b^2 - 2ab\cos(180^0 - \alpha),$$
$$e_1^2 = a^2 + b^2 - 2ab\cos\alpha ,$$
$$\overline{\qquad e^2 + e_1^2 = 2a^2 + 2b^2 . \qquad}$$

§ 41. Aufgaben zu § 33 bis § 40.

A) Gestaltsbestimmungen.

Die fehlenden Winkel und die fehlenden Seitenverhältnisse eines Dreiecks zu berechnen.

I. Fundamentalaufgaben.

Gegeben ist

1. $a:b:c = m:n:p$ (m, n, p sind Zahlen).

Lösung: Man setze $\frac{m+n+p}{2} = s'$, $a = m\mu$, $b = n\mu$, $c = p\mu$, wo μ das gemeinsame (unbekannte) Streckenmaß der Seiten a, b, c ist, so ist (vgl. § 37) $s = s'\mu$, $s - a = (s' - m)\mu$, $s - b = (s' - n)\mu$, $s - c = (s' - p)\mu$, mithin

$$\operatorname{tg}\frac{\alpha^*}{2} = \sqrt{\frac{(s'-n)(s'-p)}{s'(s'-m)}}.$$

Entsprechende Formeln gelten für $\frac{\beta}{2}$ und $\frac{\gamma}{2}$.

2. $a:b = m:n, \gamma$.

Lösung: Es ist (vgl. § 36)

$$\frac{\operatorname{tg}\left(\frac{\alpha-\beta}{2}\right)^*}{\operatorname{tg}\frac{\alpha+\beta}{2}} = \frac{a-b}{a+b} = \frac{m\mu - n\mu}{m\mu + n\mu} = \frac{m-n}{m+n},$$

wo $\frac{\alpha+\beta}{2} = 90^0 - \frac{\gamma}{2}$ ist.

Durch $\frac{\alpha+\beta}{2}$ und $\frac{\alpha-\beta}{2}$ sind α und β bestimmt.

Endlich ist $\left(\frac{b}{c}\right)^* = \frac{\sin\beta}{\sin\gamma}$.

3. $a:b = m:n, \alpha$.

Lösung: Es ist

$$\frac{\sin\beta^*}{\sin\alpha} = \frac{n}{m}, \qquad \gamma^* = 180^0 - (\alpha+\beta), \qquad \left(\frac{b}{c}\right)^* = \frac{\sin\beta}{\sin\gamma}.$$

(Zweifache Lösung für β, wenn $a < b$!)

4. α, β.

Lösung: Es ist

$$\gamma = 180^0 - (\alpha+\beta), \qquad (a:b:c)^* = \sin\alpha : \sin\beta : \sin\gamma.$$

II. Anwendung der Fundamentalaufgaben auf Hilfsdreiecke.

5. $a:r, \beta$,	13. $a:b:h_a$,
6. $a:h_b, \beta$,	14. $a:b:h_c$,
7. $a:t_a, \beta$,	15. $h_a:h_b:h_c$,
8. $a:t_c, \beta$,	16. $a:b:r$,
9. $b:m_a, \gamma$,	17. $a:b:t_b$,
10. $a:m_b, \beta$,	18. $a:b:t_c$,
11. $a:b, \angle(r, h_c)$,	19. $\angle(a, t_a), \angle(a, t_b)$,
12. $h_a:h_b, \gamma$,	20. $\angle(a, h_b), \angle(b, t_a)$.

B) Größenbestimmungen mit Hilfe der Gestalt des Dreiecks.

Die fehlenden Seiten und Winkel (Höhen, Winkelhalbierenden, Mitteltransversalen, Radien des umschriebenen, des einbeschriebenen Kreises, der anbeschriebenen Kreise und eventuell den Inhalt J) des Dreiecks zu berechnen.

Gegeben sind die Gestalt des Dreiecks ($\angle\alpha$ und $\angle\beta$) und 1. h_a, 2. m_a, 3. r, 4. ϱ, 5. ϱ_a, 6. $a \pm b$, 7. $a+b+c$, 8. der Inhalt J des Dreiecks.

C) Aufgaben, bei denen die Gestaltsbestimmung der Größenbestimmung nicht voranzugehen braucht.

Die fehlenden Stücke des Dreiecks zu berechnen:

Gegeben sind

1. a, γ, t_b,	6. $a+b, r, \beta$,	11. J, h_a, b,
2. a, t_a, c,	7. a, ϱ, γ,	12. J, β, γ,
3. b, h_b, t_b,	8. $t_a, t_b, \angle(t_a, t_b)$,	13. J, a, b,
4. a, h_a, h_b,	9. b, c, t_a,	14. J, a, γ,
5. $a, t_a, \angle(t_a, h_a)$,	10. h_a, β, t_b,	15. J, ϱ, ϱ_a.

D) Eingekleidete Aufgaben.

1. In einem Punkte greifen drei Kräfte $a = 4$ Ztr., $b = 2$ Ztr., $c = 3$ Ztr. an. Die erste Kraft hält der Resultante der beiden letzten das Gleichgewicht. Unter welchen Winkeln sind die Kräfte gegeneinander gerichtet? Lösung: $\angle(a, b) = 133^\circ 26'$, $\angle(b, c) = 75^\circ 31' 20''$, $\angle(a, c) = 151^\circ 2' 40''$.

2. In einem Bergwerk gehen vom selben Punkte zwei Stollen von 900 m und 800 m Länge unter einem Winkel von $57^\circ 14'$ auseinander. Wie lang wird der Verbindungsstollen der nicht gemeinsamen Endpunkte, und welche Winkel bildet er mit den ersten beiden Stollen? Lösung: 818,9 m, $67^\circ 32' 13''$, $55^\circ 13' 47''$.

3. Von zwei Punkten A und B einer ebenen, geradlinigen Küste erblickt man ein Schiff C so, daß $\angle CAB = 43^{0}21'$ und $\angle CBA = 118^{0}42'$ ist. AB beträgt 3 km. Wie weit ist das Schiff von den beiden Beobachtungspunkten entfernt? Lösung: $AC = 8{,}538$ km, $BC = 6{,}682$ km.

4. In der Richtung auf den Fuß eines Turmes ist eine horizontale Gerade $AB = 90$ m gemessen. Von A, bezw. von B aus gesehen, erscheint die Turmhöhe unter den Winkeln $\alpha = 17^{0}$, $\beta = 42^{0}$. Wie hoch ist der Turm? Lösung: 41,66 m.

5. Von einem Aussichtspunkte A, der 400 m über dem Spiegel eines Sees liegt, erscheint ein jenseits des Sees gelegener Gipfel unter einem Elevationswinkel $\alpha_1 = 16^{0}$, das im See erblickte Spiegelbild des Gipfels unter einem Depressionswinkel $\alpha_2 = 30^{0}$. Wie hoch liegt der Gipfel über dem Seespiegel? Lösung: 1189 m.

6. Ein Wasserbecken hat die viereckige Oberfläche $ABCD$. — AB und BC schließen einen rechten Winkel ein und sind bezw. 720 m und 1124 m lang. Der Viereckswinkel bei D beträgt 108^{0}, der bei C 62^{0}. Wie groß ist die Wasseroberfläche? Lösung: 715790 qm.

7. Von der Spitze eines Berges erscheint die Spitze eines im Tale stehenden Turmes bekannter Höhe $h = 60$ m unter dem Depressionswinkel $\alpha = 20\frac{1}{2}^{0}$, der Fuß des Turmes unter dem Depressionswinkel $\beta = 22^{0}$. Wie weit ist der Beobachter in der Luftlinie von dem Fuße des Turmes entfernt, und wie hoch ist die Bergspitze über dem Fuße des Turmes? Lösung: 2147 m, 804,3 m.

8. Der Weg von A nach C führt über B. Es ist $AB = 6{,}5$ km, $BC = 7{,}3$ km, $\angle ABC = 158^{0}$. Wie weit ist A von C in der Luftlinie entfernt? Lösung: 13,548 km.

9. Ein senkrecht aufsteigendes Lichtsignal erscheint zwei Beobachtern im Augenblick, wo es die größte Höhe erreicht, unter Elevationswinkeln α und β. Die Beobachter stehen in den Endpunkten einer Standlinie $AB = s$. Die Projektionen der Elevationsrichtungen auf die Horizontalebene der Beobachter bilden mit AB ein Dreieck, dessen Winkel bei A und B bezw. α_1 und β_1 sind. Es soll die Höhe h, welche das Signal erreicht hat, aus s, α_1, β_1, β berechnet werden. Lösung: $h = \frac{s \sin \alpha_1 \operatorname{tg} \beta}{\sin(\alpha_1 + \beta_1)}$.

E) Aufgaben aus der Feldmessung.

Vorbemerkung: Punkte im Gelände werden durch Fluchtstäbe bezeichnet. Die Instrumente zur Längenmessung sind Meßlatten und Meßketten. Die Instrumente zur Messung rechter Winkel sind Winkelspiegel und Kreuzscheibe. Das Instrument zur Messung beliebiger Winkel in horizontaler oder vertikaler Ebene ist der Theodolit. Winkel in einer beliebigen Ebene werden mit dem Sextanten gemessen. Zur Festlegung horizontaler Richtungen dienen Kanalwage und Theodolit.

In den folgenden Aufgaben wird, wenn nicht ausdrücklich anders gesagt wird, angenommen, daß die Messungen sich auf eine horizontale Grundebene beziehen. Wie Messungen in unebenem Terrain auf diese Grundebene zu reduzieren sind, muß in Handbüchern der Feldmessung nachgesehen werden.

Wenn längs einer Strecke überall mit Meßlatte oder Meßkette gemessen werden kann, soll im folgenden die Strecke als „gangbar" bezeichnet werden. Wenn von einem Punkte nach einem andren hin visiert werden kann, soll die Verbindungsstrecke als „sichtig" bezeichnet werden. Wenn ein Punkt für den Beobachter erreichbar ist, soll er als „zugänglich" bezeichnet werden.

1. Es soll ein Punkt auf der Verlängerung der unsichtigen Geraden AB gefunden werden (Fig. 26).

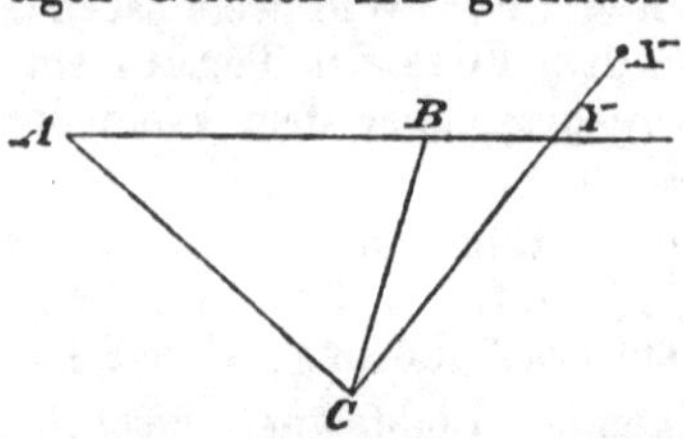

Fig. 26.

Lösung: Man wähle C und X willkürlich, aber so, daß CA, CB, CX sichtig und gangbar sind, und daß CX die Verlängerung von AB in einem noch unbekannten Punkte Y schneidet, messe CA, CB, $\angle ACB$, $\angle BCX$ und berechne aus diesen Stücken CY, trage CY auf CX von C aus ab, so ist Y ein Punkt auf der Verlängerung von AB.

Bemerkung: Liegt Y auf AB selbst, so ist das Verfahren analog. — Bestimmt man zwei Punkte Y_1 und Y_2 auf der Verlängerung von AB, so ist die Richtung der Verlängerung selbst bestimmt.

2. AB ist unsichtig und ungangbar. Die Richtung der Geraden AB in der Nähe von A soll bestimmt werden.

Lösung: Man wähle C wie in 1., messe (Fig. 26) CA, CB, $\angle ACB$ und berechne aus diesen Stücken $\angle BAC$. $\angle BAC$ bestimmt die Richtung von AB.

3. Die sichtige, ungangbare Strecke AB zu messen.

Lösung: Man wähle C so (Fig. 26), daß CA sichtig und gangbar, CB sichtig ist, messe CA, $\angle BAC$ und $\angle ACB$ und berechne AB.

4. Die unsichtige, ungangbare Strecke AB zu messen.

Lösung: Man wähle C so (Fig. 26), daß CA und CB sichtig und gangbar sind, messe CA, CB und $\angle ACB$ und berechne AB.

5. Die sichtige, ungangbare Strecke AB zu messen, wenn A unzugänglich ist.

6. Die ungangbare Strecke AB zu messen, wenn A und B unzugänglich sind. (Modifikation der Hansenschen Aufgabe.)

Lösung: Man wähle C und D so, daß CD sichtig und gangbar ist, und daß CA, CB, DA, DB sichtig sind, messe CD und die vier Winkel bei C und D und berechne aus den Dreiecken DCA, DCB und ACB die Strecke AB.

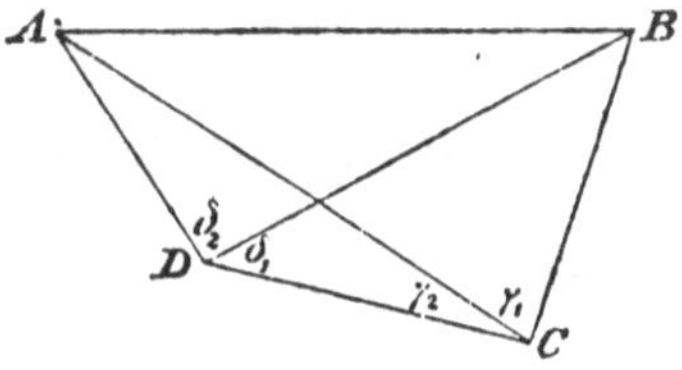

Fig. 27.

7. A, B, C sind unzugängliche Punkte von bekannter gegenseitiger Entfernung. P liegt auf der Verlängerung von BC. PA und PB sind sichtig. Wie weit ist P von A und C entfernt?

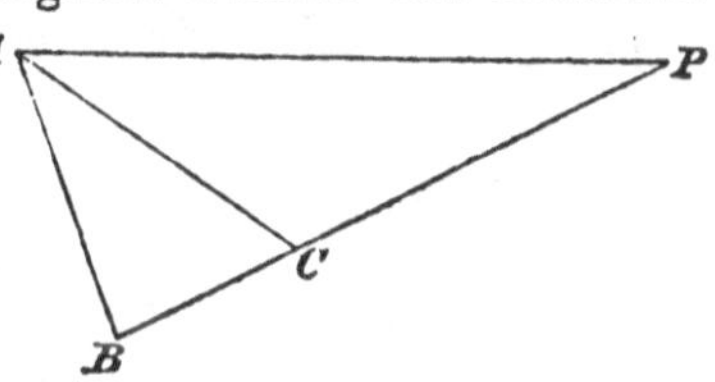

Fig. 28.

Lösung: Man messe $\angle APC$ und berechne PA und PC aus den Dreiecken ABC und APC.

8. A, B, C sind unzugängliche Punkte von bekannter gegenseitiger Lage ($AB = a$, $BC = b$, $\angle ABC = \beta$). PA, PB, PC sind sichtig. Wie lang sind diese Strecken? (Aufgabe von Snellius 1617, [Pothenot 1692].)

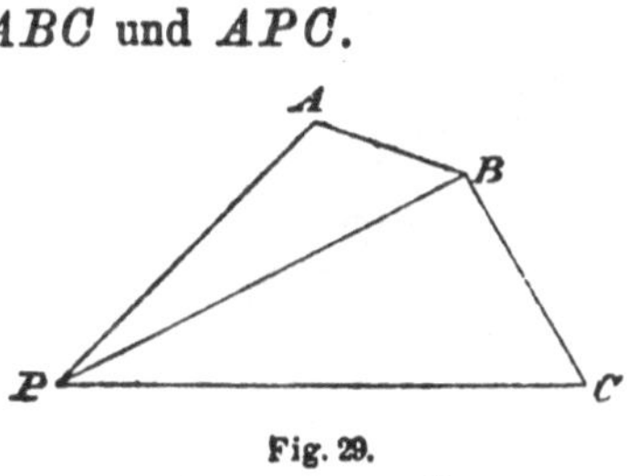

Fig. 29.

Lösung: Man messe $\angle APB$ und $\angle CPB$ und verfahre, wie in § 52, 9 angegeben wird.

9. Die ungangbare sichtige Strecke AB zu messen, wenn in ihrer Nähe eine bekannte Strecke CD so liegt, daß AC, AD, BC, BD sichtig sind. (Hansensche Aufgabe.) Man messe (Fig. 27) die Winkel $\angle CAB$, $\angle DAB$, $\angle CBA$, $\angle DBA$ und rechne, wie in § 52, 10 angegeben wird.

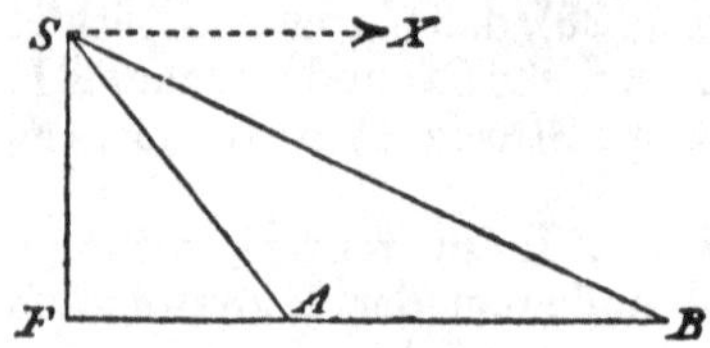

Fig. 30.

10. Eine Gerade AB liegt in einer Vertikalebene durch eine bekannte Höhe FS und in der Horizontalebene durch F. Die Länge AB durch Winkelmessung in S zu bestimmen (Fig. 30).

Lösung: Man messe in S die Depressionswinkel XSA und XSB und berechne AB aus den Dreiecken FSA und FSB.

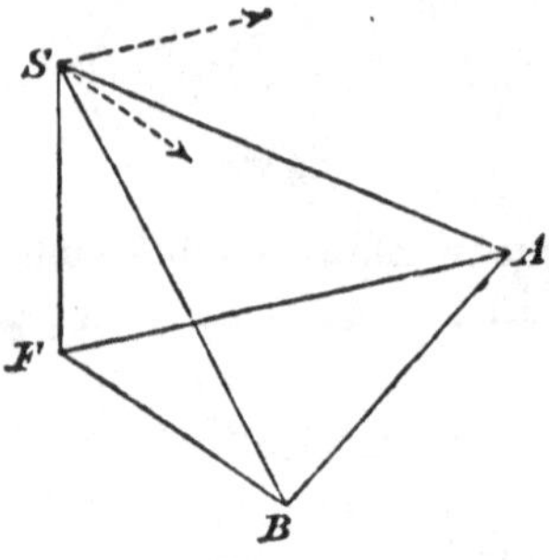

Fig. 31.

11. Zwei Punkte A und B derselben Horizontalebene erscheinen von einem Punkte S bekannter Höhe FS über ihrer Ebene unter den Depressionswinkeln FAS und FBS und unter dem bekannten Winkelabstand ASB. Wie lang ist AB (Fig. 31)?

Lösung: Man berechne AS und BS aus den Dreiecken SFA und SFB, und AB aus dem Dreiecke ASB.

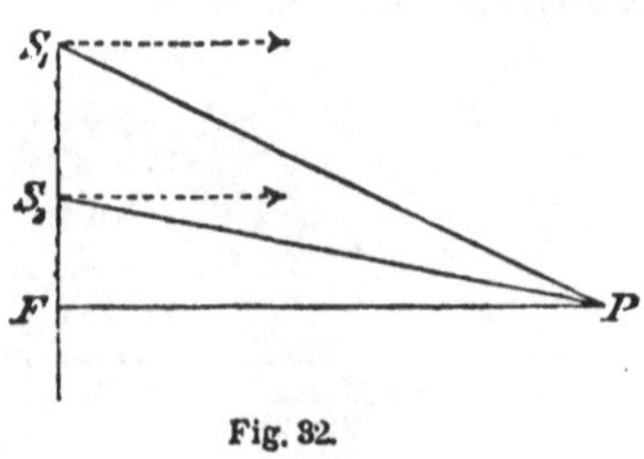

Fig. 32.

12. Ein Punkt P erscheint, von zwei senkrecht übereinander liegenden Punkten S_1 und S_2 gesehen, unter den Depressionswinkeln α_1 und α_2. $S_1 S_2$ ist gemessen. Welchen Abstand PF hat der Punkt P von der Senkrechten $S_1 S_2$ (Fig. 32).

Lösung: Man berechne die Höhe PF des Dreiecks $S_1 S_2 P$.

13. Auf die sichtige, gangbare Gerade AB vom Punkte C aus ein Lot CF zu fällen, wenn CF unsichtig wird (Fig. 33).

Lösung: Man wähle D und E auf AB so, daß DC und EC sichtig sind, messe DE, $\angle DEC$ und $\angle EDC$, berechne EF und trage EF von E aus auf BA ab.

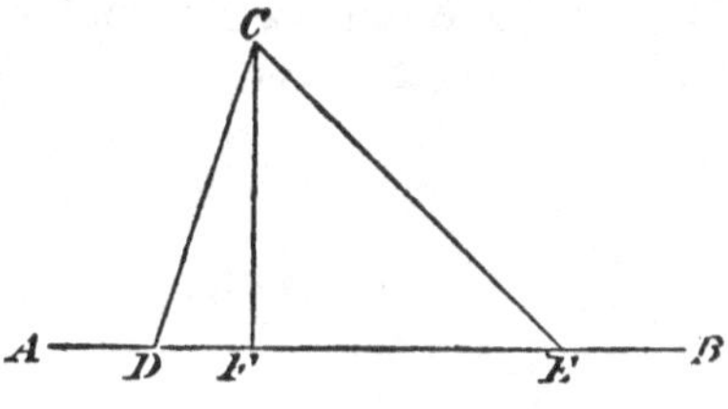

Fig. 33.

13 a). Dieselbe Aufgabe zu lösen, wenn CD unsichtig und ungangbar, CE sichtig und gangbar ist.

14. A und B sind zwei unzugängliche Punkte. C ist zugänglich, CA und CB sind sichtig. Durch C zu BA eine Parallele CX zu ziehen (Fig. 34).

Lösung: Man wähle D so, daß DC sichtig und gangbar ist, DA und DB sichtig sind, messe wie in 6. und berechne $\angle ABC$. Dann ist durch $\angle BCX = 180^0 - \angle ABC$ die Richtung der gesuchten Parallele bestimmt.

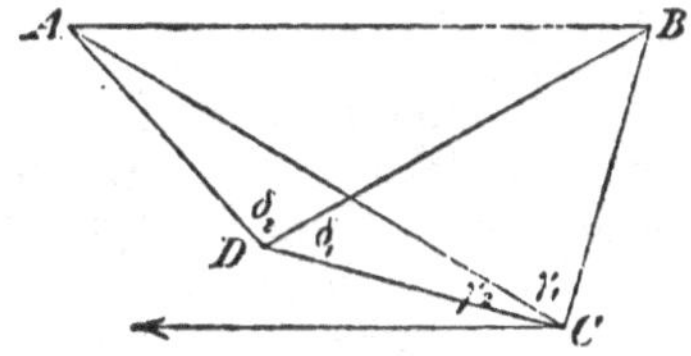

Fig 34.

---

15. Die Höhe FS zu messen (Fig. 35).

Lösung: Man ziehe und messe eine Standlinie AB in der Horizontalebene des Höhenfußpunktes F auf diesen zu,

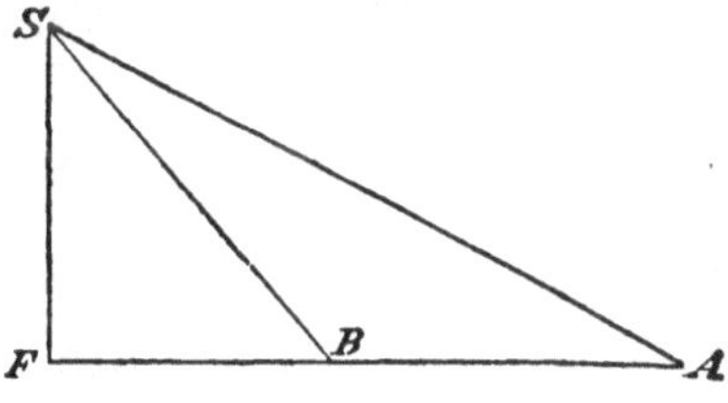

Fig. 35.

messe die Elevationswinkel $\angle SAF$ und $\angle SBF$ und berechne SF.

16. Die Höhe FS auf andere Weise zu messen (Fig. 36).
Lösung: Man ziehe und messe eine Standlinie AB in der Horizontalebene des Höhenfußpunktes F, messe die Winkel FAB und FBA und den Elevationswinkel SAF, und berechne SF aus den Dreiecken ABF und SAF.

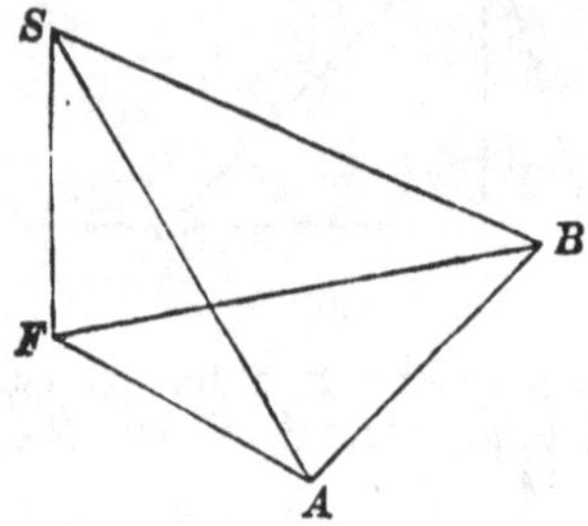

Fig. 36.

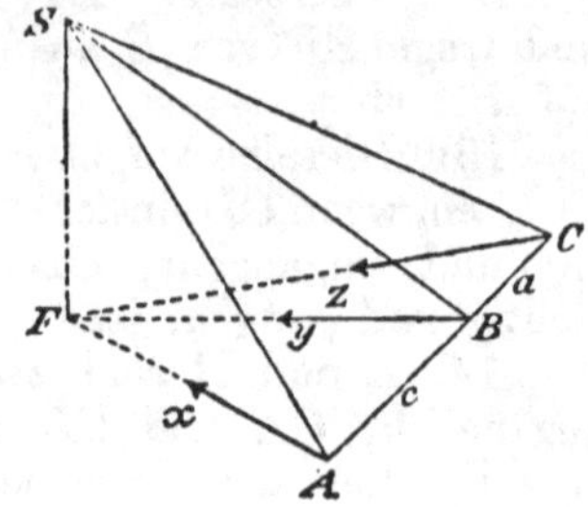

Fig. 37.

17. Drei Punkte A, B, C liegen in einer horizontalen Geraden. Wie hoch liegt ein Punkt S über der horizontalen Ebene dieser Geraden? (Fig. 37).

Lösung: Man messe $AB = c$ und $BC = a$ und die Elevationswinkel $\angle SAF = \alpha$, $\angle SBF = \beta$, $\angle SCF = \gamma$.

$FA = x$, $FB = y$, $FC = z$ seien die (unbekannten) Projektionen von SA, SB, SC auf die Horizontalebene, es sei ferner $\angle FBA = \beta_1$, $\angle FBC = \beta_2$ und $SF = h$ die gesuchte Höhe.

Es ist
$$x^2 = y^2 + c^2 - 2yc\cos\beta_1$$
und
$$z^2 = y^2 + a^2 - 2ya\cos\beta_2,$$
oder, da $\beta_1 = 180^0 - \beta_2$ ist,
$$\cos\beta_1 = \frac{y^2 + c^2 - x^2}{2yc} = -\frac{y^2 + a^2 - z^2}{2ya} = -\cos\beta_2,$$
mithin
$$-y^2(a + c) + x^2 a + z^2 c = +ac(a + c).$$

Setzt man nun
$$x = \frac{h}{\operatorname{tg}\alpha}, \qquad y = \frac{h}{\operatorname{tg}\beta}, \qquad z = \frac{h}{\operatorname{tg}\gamma},$$

so ergibt sich

$$h = \sqrt{\frac{a c(a+c)}{\frac{a}{\operatorname{tg}^2\alpha} + \frac{c}{\operatorname{tg}^2\gamma} - \frac{a+c}{\operatorname{tg}^2\beta}}}.$$

Mit Hilfe der goniometrischen Formeln (vgl. § 46, 5c) läßt sich die rechte Seite dieses Ausdrucks umformen in

$$\frac{\sin\alpha \sin\beta \sin\gamma \cdot \sqrt{a c(a+c)}}{\sqrt{a \sin^2\gamma \sin(\beta+\alpha)\sin(\beta-\alpha) + c \sin^2\alpha \sin(\beta+\gamma)\sin(\beta-\gamma)}}.$$

---

18. Von einem Dreieck ABC, in dem $CA = b$, $CB = a$, $\angle ACB = \gamma$ gemessen ist, soll durch eine Gerade, die mit b einen vorgeschriebenen Winkel δ bilden soll, eine gegebene Fläche F abgeschnitten werden (Fig. 38).

Lösung: Aus

$$\frac{xy}{2}\sin\gamma = F$$

und

$$\frac{x}{y} = \frac{\sin(\gamma+\delta)}{\sin\delta}$$

sind x und y, also die Lage der gesuchten Geraden bestimmt.

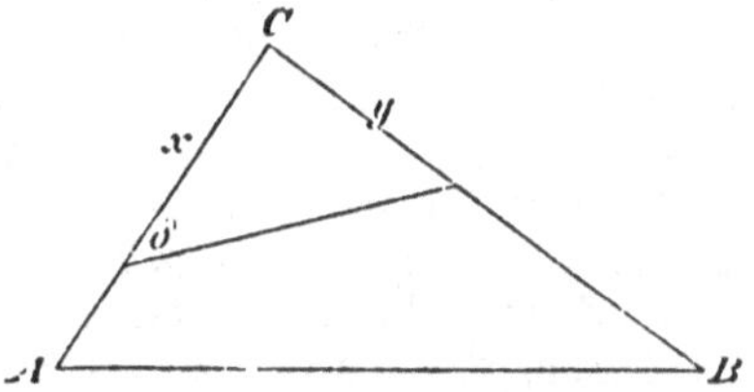

Fig. 38.

(Wie ist der Lösungsgang, wenn $x > CA$ wird?)

19. Ein Dreieck soll durch ein Lot zu einer Seite in zwei Teile zerlegt werden, deren Inhalte sich wie $m:n$ verhalten.

20. ABC ist eine einmal gebrochene Grenzlinie in einer ebenen Fläche. Die gebrochene Grenze durch eine Gerade von A aus zu ersetzen. Es sind $AB = c$, $BC = a$, $\angle ABC = \beta$ bekannt (Fig. 39).

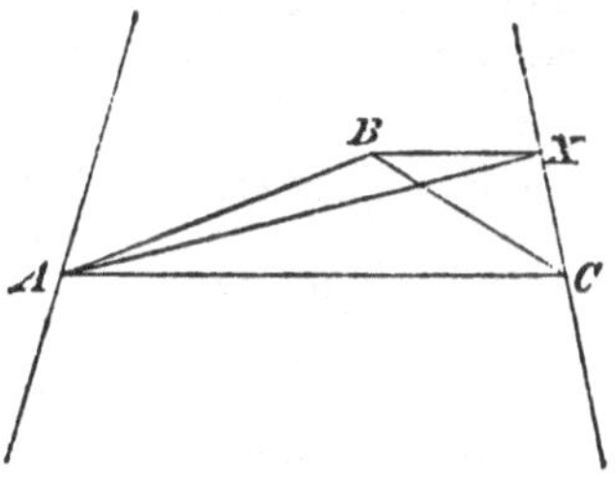

Fig. 39.

Lösung: Man denke $BX \parallel AC$ gezogen und X mit A verbunden; man messe $\angle BCX$, berechne $\angle BCA$ und dann CX. Durch X und A ist AX bestimmt.

V. Abschnitt.

Goniometrische Formeln.

§ 42. Zweck der Goniometrie.

Für viele Zwecke sind rechnerische Umformungen der trigonometrischen Funktionen erforderlich. Das Bedürfnis dazu tritt z. B. auf, wenn trigonometrische Ausdrücke für logarithmische Rechnung geeignet gemacht werden sollen, sowie bei der Berechnung von Winkelgrößen aus Gleichungen, in denen die Winkelgrößen im Argument trigonometrischer Funktionen auftreten; außerdem erfordert die Lösung zahlreicher schwierigerer Aufgaben der Dreiecksberechnung die Anwendung solcher Umformungen. Endlich gestattet die Einführung dieser goniometrischen Rechnungen eine strenge Entwicklung des Funktionsbegriffs für Winkel von mehr als 90°, sowie eine kurze Ableitung und eine nützliche Umformung wichtiger Sätze der Trigonometrie. Zu den goniometrischen Formeln gehören die in den §§ 7, 8, 10 abgeleiteten Beziehungen. Im folgenden werden die noch fehlenden wichtigsten Formeln der Goniometrie abgeleitet.

§ 43. Funktionen der Summe und der Differenz zweier Winkel.

Es sei (Fig. 40)

$$\angle\alpha < 90^0, \quad \angle\alpha > \angle\beta, \quad \angle(\alpha+\beta) < 90^0.$$

Es sei ferner

$$\angle PST = \angle\alpha, \quad \angle PSR = \angle PSQ = \angle\beta$$

und mithin

$$\angle RST = \angle(\alpha-\beta), \quad \angle QST = \angle(\alpha+\beta).$$

Es sei endlich

$QPR \perp SP,$

$QU \perp ST,$

$PV \perp ST,$

$RT \perp ST,$

$WP \parallel RX \parallel ST$

und daher

$\angle WQP = \angle XPR = \angle \alpha .$

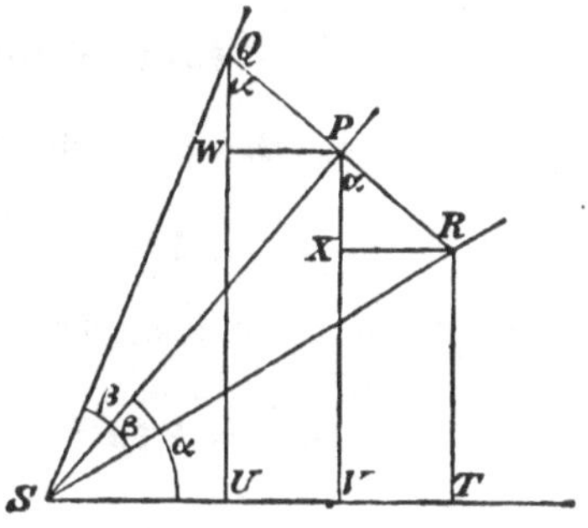

Fig. 40.

Dann ist

$$\sin(\alpha+\beta) = \frac{QU}{QS} = \frac{WU}{QS} + \frac{QW}{QS} = \frac{PV\cdot PS}{PS\cdot QS} + \frac{QW\cdot QP}{QP\cdot QS},$$

oder

(1) $$\sin(\alpha+\beta) = \sin\alpha\cos\beta + \cos\alpha\sin\beta .$$

Ferner ist

$$\sin(\alpha-\beta) = \frac{RT}{RS} = \frac{PV}{RS} - \frac{PX}{RS} = \frac{PV\cdot PS}{PS\cdot RS} - \frac{PX\cdot PR}{PR\cdot RS},$$

oder

(2) $$\sin(\alpha-\beta) = \sin\alpha\cos\beta - \cos\alpha\sin\beta .$$

Ferner ist

$$\cos(\alpha+\beta) = \frac{SU}{SQ} = \frac{SV}{SQ} - \frac{UV}{SQ} = \frac{SV\cdot SP}{SP\cdot SQ} - \frac{WP\cdot QP}{QP\cdot SQ},$$

oder

(3) $$\cos(\alpha+\beta) = \cos\alpha\cos\beta - \sin\alpha\sin\beta .$$

Endlich ist

$$\cos(\alpha-\beta) = \frac{ST}{SR} = \frac{SV}{SR} + \frac{VT}{SR} = \frac{SV\cdot SP}{SP\cdot SR} + \frac{XR\cdot PR}{PR\cdot SR},$$

oder

(4) $$\cos(\alpha-\beta) = \cos\alpha\cos\beta + \sin\alpha\sin\beta .$$

Setzt man in den Formeln (1) und (3) $\alpha = \beta$, so erhält man:

(5) $$\sin 2\alpha = 2\sin\alpha\cos\alpha ,$$

(6) $$\cos 2\alpha = \cos^2\alpha - \sin^2\alpha ,$$

oder, wenn man α an Stelle von 2α, $\frac{\alpha}{2}$ also an Stelle von α setzt,

(7) $$\sin\alpha = 2\sin\frac{\alpha}{2}\cos\frac{\alpha}{2},$$

$$\text{(8)} \qquad \cos\alpha = \cos^2\frac{\alpha}{2} - \sin^2\frac{\alpha}{2}.$$

Berücksichtigt man die Formel

$$1 = \cos^2\frac{\alpha}{2} + \sin^2\frac{\alpha}{2},$$

so folgt daraus und aus (8)

$$\text{(9)} \qquad 1 + \cos\alpha = 2\cos^2\frac{\alpha}{2}, \quad \cos\frac{\alpha}{2} = \sqrt{\frac{1+\cos\alpha}{2}},$$

$$\text{(10)} \qquad 1 - \cos\alpha = 2\sin^2\frac{\alpha}{2}, \quad \sin\frac{\alpha}{2} = \sqrt{\frac{1-\cos\alpha}{2}}.$$

Aus den Formeln (1) bis (4) geht hervor, daß, wenn die Funktionen zweier Winkel bekannt sind, man die Funktionen sowohl ihrer Summe, als ihrer Differenz berechnen kann. Aus den Formeln (5) bis (8) folgt, daß, wenn die Funktionen eines Winkels bekannt sind, man die Funktionen jedes Winkels $(2^n \cdot \alpha)$ berechnen kann, wo n jede ganze positive oder negative Zahl bedeuten kann.

---

§ 44. Fortsetzung.

Es ist

$$\operatorname{tg}(\alpha+\beta) = \frac{\sin(\alpha+\beta)}{\cos(\alpha+\beta)} = \frac{\sin\alpha\cos\beta + \cos\alpha\sin\beta}{\cos\alpha\cos\beta - \sin\alpha\sin\beta},$$

oder, wenn man Zähler und Nenner des Bruches durch $\cos\alpha\cos\beta$ dividiert,

$$\text{(1)} \qquad \operatorname{tg}(\alpha+\beta) = \frac{\operatorname{tg}\alpha + \operatorname{tg}\beta}{1 - \operatorname{tg}\alpha\operatorname{tg}\beta}.$$

Auf ähnliche Weise folgt

$$\text{(2)} \qquad \operatorname{tg}(\alpha-\beta) = \frac{\operatorname{tg}\alpha - \operatorname{tg}\beta}{1 + \operatorname{tg}\alpha\operatorname{tg}\beta},$$

$$\text{(3)} \qquad \operatorname{cotg}(\alpha+\beta) = \frac{\operatorname{cotg}\alpha\operatorname{cotg}\beta - 1}{\operatorname{cotg}\beta + \operatorname{cotg}\alpha},$$

$$\text{(4)} \qquad \operatorname{cotg}(\alpha-\beta) = \frac{\operatorname{cotg}\alpha\operatorname{cotg}\beta + 1}{\operatorname{cotg}\beta - \operatorname{cotg}\alpha}.$$

Setzt man in den Formeln (1) und (3) $\alpha = \beta$, so erhält man

$$(5) \qquad \operatorname{tg} 2\alpha = \frac{2 \operatorname{tg} \alpha}{1 - \operatorname{tg}^2 \alpha},$$

$$(6) \qquad \operatorname{cotg} 2\alpha = \frac{\operatorname{cotg}^2 \alpha - 1}{2 \operatorname{cotg} \alpha},$$

oder, wenn man α an Stelle von 2α, $\frac{\alpha}{2}$ also an Stelle von α setzt,

$$(7) \qquad \operatorname{tg} \alpha = \frac{2 \operatorname{tg} \frac{\alpha}{2}}{1 - \operatorname{tg}^2 \frac{\alpha}{2}},$$

$$(8) \qquad \operatorname{cotg} \alpha = \frac{\operatorname{cotg}^2 \frac{\alpha}{2} - 1}{2 \operatorname{cotg} \frac{\alpha}{2}}.$$

Setzt man $\operatorname{tg} \frac{\alpha}{2} = t$ und zeichnet man nun ein rechtwinkliges Dreieck (Fig. 40a), für welches die Maßzahlen der Katheten bezw. $2t$ und $1 - t^2$ sind, so hat der der Kathete $2t$ gegenüberliegende Winkel die Größe α, und die Hypotenuse des Dreiecks ist nach dem pythagoreischen Lehrsatz $1 + t^2$. Dann ergibt sich aus der Figur

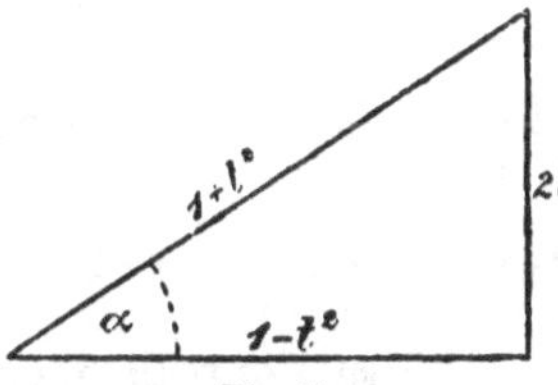

Fig. 40a.

$$(9) \qquad \sin \alpha = \frac{2t}{1+t^2} = \frac{2 \operatorname{tg} \frac{\alpha}{2}}{1 + \operatorname{tg}^2 \frac{\alpha}{2}}$$

und

$$(10) \qquad \cos \alpha = \frac{1-t^2}{1+t^2} = \frac{1 - \operatorname{tg}^2 \frac{\alpha}{2}}{1 + \operatorname{tg}^2 \frac{\alpha}{2}},$$

zwei Formeln, die auch leicht rechnungsmäßig zu verifizieren sind.

§ 45. Summen und Differenzen von Funktionen.

Addiert man seitenweise die Gleichungen (1) und (2), bezw. (3) und (4) des § 43, so erhält man

$$\sin(\alpha+\beta)+\sin(\alpha-\beta)=2\sin\alpha\cos\beta\,,$$

$$\cos(\alpha+\beta)+\cos(\alpha-\beta)=2\cos\alpha\cos\beta\,.$$

Subtrahiert man dieselben Gleichungen seitenweise voneinander, so erhält man

$$\sin(\alpha+\beta)-\sin(\alpha-\beta)=2\cos\alpha\sin\beta\,,$$

$$\cos(\alpha+\beta)-\cos(\alpha-\beta)=-2\sin\alpha\sin\beta\,.$$

Setzt man in diesen Gleichungen

$$\alpha+\beta=x\,,\quad \alpha-\beta=y$$

und füglich

$$\alpha=\frac{x+y}{2}\,,\quad \beta=\frac{x-y}{2}\,,$$

so folgt

$$(1)\qquad \sin x+\sin y=2\sin\frac{x+y}{2}\cdot\cos\frac{x-y}{2}\,,$$

$$(2)\qquad \sin x-\sin y=2\cos\frac{x+y}{2}\cdot\sin\frac{x-y}{2}\,,$$

$$(3)\qquad \cos x+\cos y=2\cos\frac{x+y}{2}\cdot\cos\frac{x-y}{2}\,,$$

$$(4)\qquad \cos x-\cos y=-2\sin\frac{x+y}{2}\cdot\sin\frac{x-y}{2}\,.$$

Diese Formeln gestatten die Verwandlung von Summen und Differenzen trigonometrischer Funktionen in Produkte von solchen und sind daher für logarithmische Rechnungen wichtig.

---

§ 46. Aufgaben zu § 43 bis § 45.

1. Aus den bekannten Werten der Funktionen von 30° und 45° den Sinus und den Kosinus des Winkels von 75° zu berechnen.

2. Aus dem bekannten Werte von cos 30° den Sinus und den Kosinus des Winkels von 15° zu berechnen.

3. Aus dem bekannten Werte von cos 75° den Sinus und den Kosinus des Winkels von $37\frac{1}{2}$° zu berechnen.

4. sin $7\frac{1}{2}$° und cos $7\frac{1}{2}$° zu berechnen.

5. Zu beweisen:

a) $\operatorname{tg}\alpha = \sqrt{\frac{1-\cos 2\alpha}{1+\cos 2\alpha}}$,

b) $(1+\cos 2\alpha)(1-\cos 2\alpha) = \sin^2 2\alpha$,

c) $\operatorname{tg}^2\alpha - \operatorname{tg}^2\beta = \frac{\sin(\alpha+\beta)\sin(\alpha-\beta)}{\cos^2\alpha\cos^2\beta}$.

6. Zu beweisen:

a) $\cos\alpha + \sin\alpha = \sqrt{2}\sin(45^0+\alpha)$,

b) $\cos\alpha - \sin\alpha = \sqrt{2}\cos(45^0+\alpha)$.

7. Zu beweisen:

a) $\sin 3\alpha = 3\sin\alpha - 4\sin^3\alpha$,

b) $\cos 3\alpha = 4\cos^3\alpha - 3\cos\alpha$,

c) $\cos 4\alpha = 8\cos^4\alpha - 8\cos^2\alpha + 1$.

8. Zu beweisen:

$$\operatorname{tg}(\alpha+\beta+\gamma) = \frac{\operatorname{tg}\alpha + \operatorname{tg}\beta + \operatorname{tg}\gamma - \operatorname{tg}\alpha\operatorname{tg}\beta\operatorname{tg}\gamma}{1 - \operatorname{tg}\alpha\operatorname{tg}\beta - \operatorname{tg}\alpha\operatorname{tg}\gamma - \operatorname{tg}\beta\operatorname{tg}\gamma}.$$

9. Es sei $\alpha+\beta+\gamma = 2R$. Zu beweisen:

a) $\sin\alpha + \sin\beta + \sin\gamma = 4\cos\frac{\alpha}{2}\cos\frac{\beta}{2}\cos\frac{\gamma}{2}$,

b) $\sin\alpha + \sin\beta - \sin\gamma = 4\sin\frac{\alpha}{2}\sin\frac{\beta}{2}\cos\frac{\gamma}{2}$,

c) $\sin 2\alpha + \sin 2\beta + \sin 2\gamma = 4\sin\alpha\sin\beta\sin\gamma$,

d) $\operatorname{tg}\alpha + \operatorname{tg}\beta + \operatorname{tg}\gamma = \operatorname{tg}\alpha\operatorname{tg}\beta\operatorname{tg}\gamma$,

e) $\operatorname{cotg}\frac{\alpha}{2} + \operatorname{cotg}\frac{\beta}{2} + \operatorname{cotg}\frac{\gamma}{2} = \operatorname{cotg}\frac{\alpha}{2}\cdot\operatorname{cotg}\frac{\beta}{2}\cdot\operatorname{cotg}\frac{\gamma}{2}$.

10. Im Dreieck ist $\frac{abc}{4r} = \varrho s$. Zu beweisen:

a) $\varrho = 4r\sin\frac{\alpha}{2}\sin\frac{\beta}{2}\sin\frac{\gamma}{2}$,

b) $s = 4r\cos\frac{\alpha}{2}\cos\frac{\beta}{2}\cos\frac{\gamma}{2}$.

11. Mit Hilfe von 9e zu beweisen, daß der Dreiecksinhalt J bestimmt ist durch die Gleichung

$$J = \varrho^2\cdot\operatorname{cotg}\frac{\alpha}{2}\cdot\operatorname{cotg}\frac{\beta}{2}\cdot\operatorname{cotg}\frac{\gamma}{2}$$ (vgl. § 39,8).

VI. Abschnitt.

Verwendung der goniometrischen Formeln.

§ 47. Die Erweiterung des Begriffs der trigonometrischen Funktionen in goniometrischer Darstellung.

Die Formeln der §§ 43 bis 45 sind abgeleitet unter der Voraussetzung, daß $\alpha + \beta < 90^0$ ist. Man kann den Begriff der trigonometrischen Funktionen für Winkelwerte α außerhalb des Bereichs $0^0 < \alpha < 90^0$ dadurch gewinnen, daß man die Forderung aufstellt: Die trigonometrischen Funktionen der Winkel von mehr als 90° sollen so definiert werden, daß sie den in den §§ 43 bis 44 für die Funktionen spitzer Winkel entwickelten Additionstheoremen genügen.

Bei der Erfüllung dieser Forderung erkennt man, daß dieselbe zu einer eindeutigen Definition der genannten Funktionen ausreicht, und daß die durch dieselben gewonnenen Funktionsbegriffe identisch sind mit den auf anderem Wege in §§ 24 bis 28 abgeleiteten Definitionen.

Es sollen nun die Werte der trigonometrischen Funktionen für alle Winkelwerte außerhalb des Bereichs $0^0 < \alpha^0 < 90^0$ bestimmt werden auf Grund der Forderung, daß dieselben den Additionstheoremen der §§ 43 bis 44 genügen.

Setzt man $\alpha = \beta$ in den Formeln für $\sin(\alpha - \beta)$, $\cos(\alpha - \beta)$, $\operatorname{tg}(\alpha - \beta)$, $\operatorname{cotg}(\alpha - \beta)$, so folgt

$$\sin 0^0 = 0, \quad \cos 0^0 = 1, \quad \operatorname{tg} 0^0 = 0, \quad \operatorname{cotg} 0^0 = \infty .$$

Setzt man in denselben Formeln $\alpha = 0$, $\beta = \beta$, so folgt

$$\mathbf{\sin(-\beta) = -\sin\beta, \quad \cos(-\beta) = \cos\beta,}$$

$$\mathbf{\operatorname{tg}(-\beta) = -\operatorname{tg}\beta, \quad \operatorname{cotg}(-\beta) = -\operatorname{cotg}\beta .}$$

Setzt man $\alpha = \beta = 45^0$ in den Formeln für $\sin(\alpha + \beta)$, $\cos(\alpha + \beta)$, $\operatorname{tg}(\alpha + \beta)$, $\operatorname{cotg}(\alpha + \beta)$, so folgt

$$\sin 90^0 = 1\,, \quad \cos 90^0 = 0\,, \quad \operatorname{tg} 90^0 = \pm\infty\,, \quad \operatorname{cotg} 90^0 = 0\,.$$

Setzt man in denselben Formeln $\alpha = 90^0$, $\beta = \beta$, so folgt

$$\sin(90^0 + \beta) = \cos\beta\,, \quad \cos(90^0 + \beta) = -\sin\beta\,,$$
$$\operatorname{cotg}(90^0 + \beta) = -\operatorname{tg}\beta\,, \quad [\operatorname{tg}(90^0 + \beta) = -\operatorname{cotg}\beta]\,.$$

Setzt man $\alpha = \beta = 90^0$, so folgt

$$\sin 180^0 = 0\,, \ \cos 180^0 = -1\,, \ \operatorname{cotg} 180^0 = (\underline{+})\infty\,, \ [\operatorname{tg} 180^0 = 0]\,.$$

Setzt man $\alpha = 180^0$ und $-\beta$ an Stelle von β, so folgt, unter Benutzung der oben für Funktionen von $-\beta$ gefundenen Werte,

$$\sin(180^0 - \beta) = \sin\beta\,, \quad \cos(180^0 - \beta) = -\cos\beta\,,$$
$$\operatorname{tg}(180^0 - \beta) = -\operatorname{tg}\beta\,, \quad [\operatorname{cotg}(180^0 - \beta) = -\operatorname{cotg}\beta]\,.$$

Durch schrittweise Fortsetzung des Verfahrens gelangt man zu den Funktionswerten von $180^0 + \beta$, 270^0, $270^0 \pm \beta$, $360^0 \pm \beta$, allgemein $n \cdot 90^0 \pm \beta$, wo n jede positive oder negative ganze Zahl bedeuten kann.

Ein Vergleich mit der Tabelle des § 28 zeigt, daß die hier gewonnenen Definitionen der Funktionen von Winkelwerten β außerhalb des Bereichs $0^0 < \beta < 90^0$ mit den dort auf geometrischem Wege erhaltenen übereinstimmen. Es bedarf demnach an dieser Stelle keiner weiteren Prüfung, ob die früher abgeleiteten Eigenschaften der trigonometrischen Funktionen für den erweiterten Winkelbereich Geltung besitzen.

---

§ 48. Umformung des Kosinussatzes.

Aus der Formel des Kosinussatzes im Dreieck

$$a^2 = b^2 + c^2 - 2bc\cos\alpha$$

folgt

$$a^2 = (b + c)^2 - 2bc(1 + \cos\alpha)$$

und

$$a^2 = (b - c)^2 + 2bc(1 - \cos\alpha)$$

und mit Benutzung der Formeln für $1 + \cos\alpha$ und $1 - \cos\alpha$,

$$a^2 = (b + c)^2 - 4bc\cos^2\frac{\alpha}{2}$$

und

$$a^2 = (b - c)^2 + 4bc\sin^2\frac{\alpha}{2}.$$

Analoge Formeln gelten für b^2 und c^2. Diese Gleichungen sind unter Umständen bequemer für die Dreiecksberechnung als der Kosinussatz. Außerdem geben sie die Handhabe für eine einfache Ableitung der Tangensformel (vgl. § 50).

---

§ 49. Die Mollweideschen Gleichungen und der Tangenssatz (vgl. § 36).

Aus dem Sinussatze folgt durch korrespondierende Addition und Subtraktion

$$\frac{a+b}{c} = \frac{\sin\alpha + \sin\beta}{\sin\gamma} \quad \text{und} \quad \frac{a-b}{c} = \frac{\sin\alpha - \sin\beta}{\sin\gamma}.$$

Daraus und aus zwei analogen Formeln ergeben sich mit Rücksicht auf die Formeln § 43, (7) und § 45, (1) und (2) die Mollweideschen Gleichungen.

$$(1) \qquad \frac{a+b}{c} = \frac{\cos\frac{\alpha-\beta}{2}}{\sin\frac{\gamma}{2}}, \qquad \frac{a-b}{c} = \frac{\sin\frac{\alpha-\beta}{2}}{\cos\frac{\gamma}{2}}.$$

$$(2) \qquad \frac{b+c}{a} = \frac{\cos\frac{\beta-\gamma}{2}}{\sin\frac{\alpha}{2}}, \qquad \frac{b-c}{a} = \frac{\sin\frac{\beta-\gamma}{2}}{\cos\frac{\alpha}{2}}.$$

$$(3) \qquad \frac{c+a}{b} = \frac{\cos\frac{\gamma-\alpha}{2}}{\sin\frac{\beta}{2}}, \qquad \frac{c-a}{b} = \frac{\sin\frac{\gamma-\alpha}{2}}{\cos\frac{\beta}{2}}.$$

Dividiert man die nebeneinander stehenden Gleichungen seitenweise, so ergeben sich unter Berücksichtigung der

Gleichung $\frac{\alpha+\beta+\gamma}{2}=90^0$ die Formeln des Tangenssatzes.

Man kann auch direkt folgern:

$$a:b=\sin\alpha:\sin\beta\,,$$

$$\frac{a+b}{a-b}=\frac{\sin\alpha+\sin\beta}{\sin\alpha-\sin\beta}=\frac{\operatorname{tg}\frac{\alpha+\beta}{2}}{\operatorname{tg}\frac{\alpha-\beta}{2}}$$

und erhält so die Formel des Tangenssatzes.

---

§ 50. Die Tangensformel oder der Halbwinkelsatz (vgl. § 37).

Aus den Endformeln des § 48 folgt

$$\cos^2\frac{\alpha}{2}=\frac{(b+c)^2-a^2}{4bc}=\frac{(b+c-a)(b+c+a)}{4bc}\,,$$

$$\sin^2\frac{\alpha}{2}=\frac{a^2-(b-c)^2}{4bc}=\frac{(a-b+c)(a+b-c)}{4bc}\,.$$

Setzt man, wie früher, $a+b+c=2s$, so folgt aus diesen Gleichungen

$$\cos\frac{\alpha}{2}=\sqrt{\frac{(s-a)s}{bc}}\,,$$

$$\sin\frac{\alpha}{2}=\sqrt{\frac{(s-b)(s-c)}{bc}}\,.$$

Aus diesen Gleichungen folgt durch Division die Tangensformel:

$$\operatorname{tg}\frac{\alpha}{2}=\sqrt{\frac{(s-b)(s-c)}{s(s-a)}}\,.$$

---

§ 51. Goniometrische Gleichungen.

Die goniometrischen Gleichungen sind Bestimmungsgleichungen zwischen Winkelfunktionen, in denen die Werte eines oder mehrerer unbekannter Winkel so ermittelt werden sollen, daß die Gleichungen identisch werden.

Kommt nur eine Unbekannte in der Gleichung vor, so formt man dieselbe so um, daß man 1. alle Funktionen, in deren Argument die Unbekannte mit andern Werten arithmetisch verbunden auftritt, auf Funktionen der Unbekannten selbst zurückführt und 2. die verschiedenen Funktionen der Unbekannten durch eine derselben ausdrückt. Wenn das gelingt, ist diese Funktion nach den Regeln der Algebra als Unbekannte der Gleichung zu berechnen, und aus ihrem Wert sind die zugehörigen Argumentwerte mit Hilfe einer trigonometrischen Tafel zu bestimmen.

Von Nutzen zur Überwindung der bei diesen Gleichungen auftretenden Schwierigkeiten ist die Einführung von Hilfswinkeln, der Übergang zu Funktionen des doppelten oder des halben Winkels und überhaupt eine ausgiebige Benutzung der goniometrischen Formeln.

A) Gleichungen mit einer Unbekannten.

$(n = 0, \pm 1, \pm 2 \ldots \text{in inf.})$

1. $\sin x + \cos 2x = 1,$

$\sin x + \cos^2 x - \sin^2 x = 1,$

$\sin x - 2\sin^2 x = 0, \qquad \sin x(1 - 2\sin x) = 0.$

$\alpha)\ \sin x = 0, \quad x = n \cdot 180^0,$

$\beta)\ \sin x = \frac{1}{2}, \qquad x = \begin{cases} n \cdot 360^0 + 30^0, \\ n \cdot 360^0 + 150^0. \end{cases}$

2. $\operatorname{tg} x + \operatorname{cotg} x = 4,$

$\operatorname{tg}^2 x - 4\operatorname{tg} x = -1,$

$\operatorname{tg} x = 2 \pm \sqrt{3} = \begin{cases} 3{,}73205, & x = n \cdot 180^0 + 75^0, \\ 0{,}26795, & x = n \cdot 180^0 + 15^0. \end{cases}$

oder

$\frac{\sin x}{\cos x} + \frac{\cos x}{\sin x} = 4,$

$\frac{1}{\sin x \cos x} = 4,$

$1 = 2\sin 2x,$

$\sin 2x = \frac{1}{2}, \quad 2x = \begin{Bmatrix} n \cdot 360^0 + 30^0 \\ n \cdot 360^0 + 150^0 \end{Bmatrix}, \quad x = \begin{cases} n \cdot 180^0 + 15^0, \\ n \cdot 180^0 + 75^0. \end{cases}$

3. $\sin x - \cos x = \sqrt{6}\sin\frac{x}{2} - 1$.

$$2\sin\frac{x}{2}\cos\frac{x}{2} - \cos^2\frac{x}{2} + \sin^2\frac{x}{2} = \sqrt{6}\sin\frac{x}{2} - 1\,,$$

$$2\sin\frac{x}{2}\cos\frac{x}{2} + 2\sin^2\frac{x}{2} = \sqrt{6}\sin\frac{x}{2}\,,$$

α) $\sin\frac{x}{2} = 0, \qquad \frac{x}{2} = n\cdot 180^0, \qquad x = n\cdot 360^0,$

β) $\cos\frac{x}{2} + \sin\frac{x}{2} = \frac{1}{2}\sqrt{6}\,,$

$$\sqrt{2}\sin\left(45^0 + \frac{x}{2}\right) = \frac{1}{2}\sqrt{6}\,, \quad \text{(vgl. § 46, 6a)}$$

$$\sin\left(45^0 + \frac{x}{2}\right) = \frac{1}{2}\sqrt{3}\,,$$

$$45^0 + \frac{x}{2} = \begin{Bmatrix} n\cdot 360^0 + 60^0 \\ n\cdot 360^0 + 120^0 \end{Bmatrix}, \quad \frac{x}{2} = \begin{Bmatrix} n\cdot 360^0 + 15^0 \\ n\cdot 360^0 + 75^0 \end{Bmatrix},$$

$$x = \begin{cases} n\cdot 720^0 + 30^0, \\ n\cdot 720^0 + 150^0. \end{cases}$$

Gleichungen folgender Form sind häufig:

4. $a\sin x + b\cos x = c$, wo a, b und c beliebige positive oder negative Zahlen bedeuten.

$$\sin x + \frac{b}{a}\cos x = \frac{c}{a}\,.$$

Man bestimme φ aus $\qquad \operatorname{tg}\varphi = \frac{b}{a}\,.$

$$\sin x + \operatorname{tg}\varphi\cdot\cos x = \frac{c}{a}\,,$$

$$\sin x\cos\varphi + \cos x\sin\varphi = \frac{c}{a}\cos\varphi\,,$$

$$\sin(x+\varphi) = \frac{c}{a}\cos\varphi\,.$$

Durch diese Gleichung ist $x + \varphi$, mithin auch x bestimmt.

Die Gleichung gestattet auch folgende Behandlung.

Setzt man $\operatorname{tg}\frac{x}{2} = t$, so geht unter Benutzung der Formeln (9) und (10) des § 44 die Gleichung in folgende über:

$$\frac{2at + b(1 - t^2)}{1 + t^2} = c\,.$$

Ihre Lösung lautet

$$t = \frac{a \pm \sqrt{a^2 + b^2 - c^2}}{b + c}\,.$$

Durch $\operatorname{tg}\frac{x}{2} = t$ ist x bestimmt.

Beispiele:

(1) $\sin x + \sqrt{3}\cos x = 2\,.$ Lösung: $\varphi = 60^0$, $x = 30^0$.

(2) $$3\sin x + 2\cos x = 3{,}488\,.$$

Lösung: $\varphi = 33^0\,42'$, $x = \begin{cases} 41^0\,38', \\ 70^0\,58'. \end{cases}$

(3) $$5\sin x - 11\cos x = -7{,}07\,.$$

Lösung: $\varphi = 65^0\,33'$, $x = \begin{cases} 29^0\,44', \\ 281^0\,22'. \end{cases}$

B) Gleichungspaare mit zwei Unbekannten.

Man setze $x + y = s$, $x - y = d$.

5. $\begin{cases} a\sin x + b\sin y = c\,, \\ x + y = s\,, \end{cases}$

$$a\sin\frac{s+d}{2} + b\sin\frac{s-d}{2} = c\,,$$

$$(a + b)\sin\frac{s}{2}\cos\frac{d}{2} + (a - b)\cos\frac{s}{2}\sin\frac{d}{2} = c\,.$$

In dieser Gleichung ist $\frac{d}{2}$ die einzige Unbekannte. Sie ist nach Beispiel 4. zu berechnen. Durch s und d sind x und y bestimmt. An Stelle von s kann auch d in der Aufgabe gegeben sein und s gesucht werden.

Beispiel: $4\sin x + \sqrt{2}\sin y = 3\,,$

$x + y = 75^0\,.$

Lösung: $x_1 = 30^0\,,\quad y_1 = 45^0\,,$

$x_2 = 108^0\,48'\,,\quad y_2 = 326^0\,12'\,.$

Analog ist die Behandlung der Gleichungen

6. $a\cos x + b\cos y = c\,,$

7. $a\sin x + b\cos y = c\,,$

wenn neben diesen Gleichungen s oder d gegeben ist.

Allgemein kann man folgendes behaupten:

Bedeuten $\varphi(x)$ und $\mathrm{co}\varphi(y)$ die Funktion eines Winkels x und die zugehörige Kofunktion eines Winkels y, und ist entweder $x + y = s$ oder $x - y = d$ gegeben, so kann man durch Einführung der Argumente s und d an Stelle von x und y die jedesmal unbekannte Größe d oder s, mithin auch x und y berechnen aus allen Gleichungen der Form

(I) $\varphi(x) \pm \varphi(y) = c\,,$ (II) $\varphi(x) \pm \mathrm{co}\varphi(y) = c\,,$

(III) $\varphi(x)\cdot\varphi(y) = c\,,$ (IV) $\varphi(x)\cdot\mathrm{co}\varphi(y) = c\,,$

(V) $\varphi(x):\varphi(y) = c\,,$ (VI) $\varphi(x):\mathrm{co}\varphi(y) = c\,.$

Folgende Beispiele dienen zur Erläuterung:

8. $\sin x + \cos y = c\,,\quad x + y = s\,.$

$$\sin x + \sin(90 - y) = c\,,$$

$$2\sin\left(\frac{d}{2} + 45^0\right)\cos\left(\frac{s}{2} - 45^0\right) = c\,,$$

$$\sin\left(\frac{d}{2} + 45^0\right) = \frac{c}{2\cos\left(\frac{s}{2} - 45^0\right)}\,.$$

9. $\mathrm{tg}\,x - \mathrm{cotg}\,y = c\,,\qquad x - y = d\,.$

$$\frac{\sin x}{\cos x} - \frac{\cos y}{\sin y} = c\,,$$

$$\frac{\sin x\sin y - \cos x\cos y}{\cos x\sin y} = c\,,$$

$$\frac{-2\cos s}{\sin s - \sin d} = c\,,$$

$$c\sin s + 2\cos s = c\sin d\,,$$

wo s nach Beispiel 4. zu berechnen ist.

Beispiel:

$$x - y = 26^0,$$
$$\operatorname{tg} x - \operatorname{cotg} y = 0{,}1364\,.$$

Lösung: $x_1 = 59^0\,53'$, $y_1 = 33^0\,53'$,
$x_2 = 150^0\,30'$, $y_2 = 124^0\,30'$,

10. $\operatorname{tg} x \cdot \operatorname{tg} y = c\,, \qquad x + y = s\,.$

$$\frac{\sin x \sin y}{\cos x \cos y} = c\,,$$
$$\frac{\cos d - \cos s}{\cos d + \cos s} = c\,,$$
$$\cos d = \frac{1+c}{1-c} \cos s\,.$$

Beispiel:

$$x + y = 89^0,$$
$$\operatorname{tg} x \cdot \operatorname{tg} y = 0{,}9345\,.$$

Lösung: $x = 74^0$, $y = 15^0$.

11. $\dfrac{\sin x}{\sin y} = c\,, \qquad x - y = d\,.$

$$\frac{\sin x + \sin y}{\sin x - \sin y} = \frac{c+1}{c-1}\,,$$
$$\frac{2 \sin \frac{s}{2} \cos \frac{d}{2}}{2 \cos \frac{s}{2} \sin \frac{d}{2}} = \frac{c+1}{c-1}\,,$$
$$\operatorname{tg} \frac{s}{2} = \operatorname{tg} \frac{d}{2} \cdot \frac{c+1}{c-1}\,.$$

Beispiel:

$$x - y = 25^0,$$
$$\frac{\sin x}{\sin y} = 1{,}856\,.$$

Lösung: $x_1 = 49^0$, $y_1 = 24^0$,
$x_2 = 229^0$, $y_2 = 205^0$.

Auch diejenigen Aufgaben, in denen die Summe oder die Differenz der Quadrate der Funktionen sinus und cosinus gegeben ist, lassen sich auf die vorigen Gleichungen zurückführen, wie folgendes Beispiel zeigt:

12. $$\sin^2 x + \sin^2 y = c\,, \qquad x + y = s\,.$$

$$1 - \cos 2x + 1 - \cos 2y = 2c\,,$$

$$\cos 2x + \cos 2y = 2 - 2c\,,$$

$$\cos s \cdot \cos d = 1 - c\,,$$

$$\cos d = \frac{1-c}{\cos s}\,.$$

Eine weitergehende Behandlung goniometrischer Gleichungen mit zwei Unbekannten, namentlich auch für den Fall, daß in beiden Gleichungen die Unbekannten im Argument der trigonometrischen Funktionen stehen, findet man bei „Lieber und v. Lühmann, Trigonometrische Aufgaben, § 8—9".

§ 52. Dreiecks-Aufgaben mit Anwendung der goniometrischen Formeln.

Ist die geometrische Lösung einer Aufgabe durch Hilfsdreiecke bekannt, so findet man eine trigonometrische Lösung, indem man der geometrischen Lösung schrittweise folgt. Meist ist dies Verfahren umständlich. Eine geschickte Benutzung der goniometrischen Formeln führt oft rascher zum Ziel.

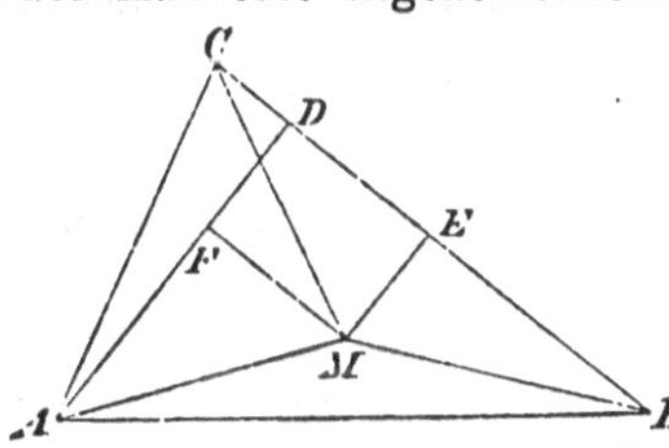

Fig. 41.

Beispiel: 1. Ein Dreieck zu berechnen aus a, h_a, α.

a) Die Lösung folgt der geometrischen Konstruktion. M sei der Mittelpunkt des umschriebenen Kreises von Dreieck ABC, $AD \perp CB$, $ME \perp CB$, $FM \parallel CB$, so ist

$$r^* = \frac{a}{2\sin\alpha}\,,$$

$$ME^* = \frac{a}{2}\operatorname{cotg}\alpha\,,$$

$$AF^* = h_a - ME,$$
$$\sin\angle FMA^* = AF : r,$$
$$FM^* = r \cdot \cos FMA,$$
$$CD^* = \frac{a}{2} - FM, \qquad BD^* = \frac{a}{2} + FM,$$
$$\operatorname{tg}\gamma^* = h_a : CD, \qquad \operatorname{tg}\beta^* = h_a : BD,$$
$$b^* = h_a : \sin\gamma, \qquad c^* = h_a : \sin\beta.$$

b) Die Lösung ist analytisch auf zwei Wegen zu behandeln:

α) Aus $h_a = 2r\sin\beta\sin\gamma$ und

$$a = 2r\sin\alpha \text{ folgt}$$
$$\frac{h_a}{a} = \frac{2\sin\beta\sin\gamma}{2\sin\alpha} = \frac{\cos(\beta-\gamma) - \cos(\beta+\gamma)}{2\sin\alpha}$$

und daraus

$$\cos(\beta-\gamma)^* = \frac{2h_a\sin\alpha}{a} - \cos\alpha.$$

Durch $\beta+\gamma$ und $\beta-\gamma$ sind die Winkel, durch diese und a sind b und c bestimmt.

β) Bezeichnet man den Inhalt des Dreiecks mit J, so ist

$$J^* = 0{,}5 \cdot a \cdot h_a$$

Ferner ist

1. $(bc)^* = \dfrac{2J}{\sin\alpha}$ (§ 39, 2).

Daraus und aus

$$a^2 = b^2 + c^2 - 2bc\cos\alpha$$

folgt

2. $b^2 + c^2 = a^2 + 4J\operatorname{cotg}\alpha$.

Aus 1. und 2. folgt mit kleiner Umformung

3. $b + c = \sqrt{a^2 + 4J\operatorname{cotg}\frac{\alpha}{2}}$,

4. $b - c = \sqrt{a^2 - 4J\operatorname{tg}\frac{\alpha}{2}}$,

und daraus der Wert für b und c.

Weitere Beispiele:

Auf analytischem Wege das Dreieck zu berechnen aus

2. J, r, γ.

$$J = 2r^2 \sin\alpha \sin\beta \sin\gamma,$$

$$\left.\begin{aligned} \frac{J}{2r^2\sin\gamma} &= \sin\alpha\cdot\sin\beta \\ 180^0 - \gamma &= \alpha+\beta \end{aligned}\right\},$$

$$\frac{J}{r^2\sin\gamma} = \cos(\alpha-\beta) - \cos(\alpha+\beta),$$

$$\cos(\alpha-\beta)^* = \cos(\alpha+\beta) + \frac{J}{r^2\sin\gamma}.$$

Aus $(\alpha+\beta)$ und $(\alpha-\beta)$ sind α und β, aus r und den Winkeln die Seiten bestimmt.

3. $a+b+c, \alpha, \beta$.

$$a+b+c = 2r(\sin\alpha+\sin\beta+\sin\gamma) = 8r\cos\frac{\alpha}{2}\cos\frac{\beta}{2}\cos\frac{\gamma}{2}$$

(vgl. § 46, 9a),

$$r^* = \frac{a+b+c}{8\cos\frac{\alpha}{2}\cos\frac{\beta}{2}\cos\frac{\gamma}{2}}, \quad \text{usw.}$$

4. $a+b+c, \quad \alpha, h_a$.

$$a+b+c = 8r\cos\frac{\alpha}{2}\cos\frac{\beta}{2}\cos\frac{\gamma}{2},$$

$$2h_a = 4r\sin\beta\sin\gamma = 16r\sin\frac{\beta}{2}\cos\frac{\beta}{2}\sin\frac{\gamma}{2}\cos\frac{\gamma}{2},$$

$$\frac{2h_a}{a+b+c} = \frac{2\sin\frac{\beta}{2}\sin\frac{\gamma}{2}}{\cos\frac{\alpha}{2}}, \quad \text{woraus}$$

$$\cos\left(\frac{\beta-\gamma}{2}\right)^* = \cos\frac{\beta+\gamma}{2} + \frac{2h_a\cos\frac{\alpha}{2}}{a+b+c}.$$

Durch die Winkel und h_a ist r, durch r und die Winkel sind die Seiten bestimmt.

5. a, t_a, α.

Aus

$$a^2 = b^2 + c^2 - 2bc\cos\alpha$$

und

$$a^2 + 4t_a^2 = 2(b^2 + c^2) \quad (\S\ 40,\ 3)$$

folgt

$$bc = \frac{4t^2 - a^2}{4\cos\alpha}.$$

Durch bc und $b^2 + c^2$ sind b und c bestimmt.

6. J, bc, ϱ.

$$\sin\alpha^* = \frac{2J}{bc},$$

$$bc = 4r^2\sin\beta\sin\gamma,$$

$$\varrho^2 = 16r^2\sin^2\frac{\alpha}{2}\sin^2\frac{\beta}{2}\sin^2\frac{\gamma}{2}, \quad (\S\ 46,\ 10a)$$

$$\frac{bc}{\varrho^2}\sin^2\frac{\alpha}{2} = \operatorname{cotg}\frac{\beta}{2}\operatorname{cotg}\frac{\gamma}{2} = \frac{\cos\frac{\beta}{2}\cos\frac{\gamma}{2}}{\sin\frac{\beta}{2}\sin\frac{\gamma}{2}},$$

oder

$$\frac{bc}{\varrho^2}\sin^2\frac{\alpha}{2} = \frac{\cos\frac{\beta-\gamma}{2} + \cos\frac{\beta+\gamma}{2}}{\cos\frac{\beta-\gamma}{2} - \cos\frac{\beta+\gamma}{2}},$$

woraus

$$\cos\left(\frac{\beta-\gamma}{2}\right)^* = \sin\frac{\alpha}{2}\cdot\frac{bc\sin^2\frac{\alpha}{2} + \varrho^2}{bc\sin^2\frac{\alpha}{2} - \varrho^2}$$

usw. folgt.

Für Aufgaben, in denen die Mitteltransversale und die Winkel, welche dieselbe mit den einschließenden Seiten bildet, vorkommen, ist der Satz wichtig: **Die Mitteltransversale teilt den Dreieckswinkel in zwei Teile, deren Sinus sich verhalten wie die Sinus der benachbarten Dreieckswinkel.**

Beweis: Ist $CD = DB$, $DE \perp AB$ und $DF \perp AC$, so ist

$$\sin \angle(b, t_a) = \frac{FD}{t_a},$$

$$\sin \angle(c, t_a) = \frac{ED}{t_a},$$

und

$$\sin\gamma = \frac{2FD}{a},$$

$$\sin\beta = \frac{2ED}{a},$$

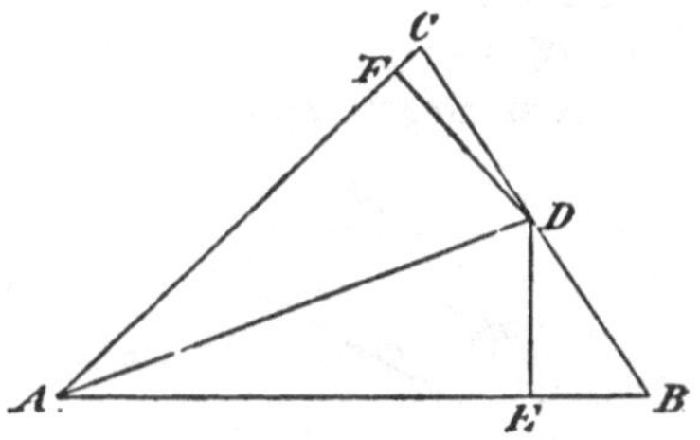

Fig. 42.

also

$$\frac{\sin \angle(b, t_a)}{\sin \angle(c, t_a)} = \frac{\sin\gamma}{\sin\beta}.$$

Der Beweis läßt sich auch leicht analytisch führen.

Mit Benutzung dieses Satzes das Dreieck zu berechnen aus

7. β, γ, t_a.

Aus den Gleichungen

$$\left.\begin{aligned} \frac{\sin \angle(b, t_a)}{\sin \angle(c, t_a)} &= \frac{\sin\gamma}{\sin\beta}, \\ \angle(b, t_a) + \angle(c, t_a) &= \alpha \end{aligned}\right\}$$

wird nach Analogie von § 51, 11 $\angle(b, t_a) - \angle(c, t_a)$ berechnet usw.

Zahlenbeispiel: $\beta = 96^0$, $\gamma = 50^0$, $t_a = 60$ m.

Lösung: $\angle(b, t_a) = 14^0 43'$, $\angle(c, t_a) = 19^0 17'$, $c = 54{,}56$ m, $b = 70{,}83$ m, $a = 39{,}82$ m.

8. w_α, $\angle(b, t_a)$, $\angle(c, t_a)$.

Aus den Gleichungen

$$\frac{\sin \angle(b, t_a)}{\sin \angle(c, t_a)} = \frac{\sin\gamma}{\sin\beta}$$

und

$$\beta + \gamma = 180^0 - [\angle(b, t_a) + \angle(c, t_a)]$$

wird β und γ nach § 51, 11 berechnet usw.

Reichhaltiges Material an Aufgaben findet man u. a. in „Lieber und v. Lühmann, Trigonometrische Aufgaben“.

Nützliche Anwendung finden endlich die goniometrischen Formeln in Aufgaben, die für die Feldmessung von Bedeutung sind.

Hier folgen zwei Beispiele:

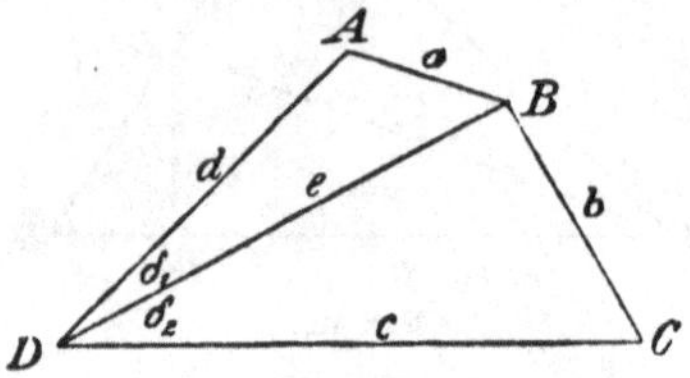

Fig. 43.

9. Die Snelliussche (Pothenotsche) Aufgabe (vgl. § 41, E. 8).

Im Viereck $ABCD$ sind gegeben $AB = a$, $BC = b$, $\angle ABC = \beta$, $\angle ADB = \delta_1$, $\angle CDB = \delta_2$. Das Viereck zu berechnen.

Lösung: Es ist

$$(1) \qquad (\alpha + \gamma)^* = 360^0 - (\beta + \delta_1 + \delta_2),$$

und

$$e = DB = \sin\alpha \cdot \frac{a}{\sin\delta_1} = \sin\gamma \cdot \frac{b}{\sin\delta_2},$$

oder

$$(2) \qquad \frac{\sin\alpha}{\sin\gamma} = u,$$

wo

$$u = \frac{b \sin\delta_1}{a \sin\delta_2}$$

ist.

Aus (1) und (2) wird $(\alpha - \gamma)$ berechnet (vgl. § 51, 11). Man erhält

$$\operatorname{tg}\left(\frac{\alpha - \gamma}{2}\right)^* = \operatorname{tg}\frac{\alpha + \gamma}{2} \cdot \frac{u - 1}{u + 1}.$$

Durch $\frac{\alpha + \gamma}{2}$ und $\frac{\alpha - \gamma}{2}$ sind α und γ, durch a, b, α, γ, δ_1, δ_2 die übrigen Stücke des Vierecks bestimmt.

Die Aufgabe wird unbestimmt, wenn $ABCD$ ein Sehnenviereck wird, oder, was dasselbe bedeutet, wenn $\frac{a}{\sin\delta_1} = \frac{b}{\sin\delta_2}$ wird.

Zahlenbeispiele:

	1	2	3	4	5	6
a	1250	2400	6000	15	5	3
b	1900	3500	4000	40	8	5
β	145°	110°10′	150°	100°	130°	180°
δ_1	20°	24°20′	40°	15°	24°	30°
δ_2	30°	36°30′	30°	45°	40°	30°
α	90°55′	90°49′	58° 3′	103°56′	85°52′	83°25′
γ	74° 5′	98°11′	81°57′	96° 4′	80° 8′	36°35′
e	3654	5824	7921	56,16	12,26	5,96
c	3686	4184	7422	35,55	10,76	9,18
d	3414	5272	9243	50,72	11,56	5,51

Auch folgendes Beispiel führt auf die Snelliussche Aufgabe:

In einem Dreieck ist $b = 500$ m, $c = 400$ m, $\alpha = 60^0$. Im Dreieck liegt ein Punkt P, von dem aus b unter $\delta_1 = 135^0$, c unter $\delta_2 = 110^0$ Gesichtswinkel erscheint. Welchen Abstand hat P von A? Lösung: $AP = 243{,}4$ m.

Die Snelliussche Aufgabe umfaßt wichtige Spezialfälle ($\beta = 180^0$) und ist außerordentlich vielgestaltig, je nach der Lage der vierten Ecke des Vierecks zu den drei übrigen Ecken. (Vgl. Hammer, Lehrbuch der Trigonometrie, § 34, 1, daselbst auch weitere Zahlenbeispiele.)

10. Die Hansensche Aufgabe. (Vgl. § 41, E. 9.)

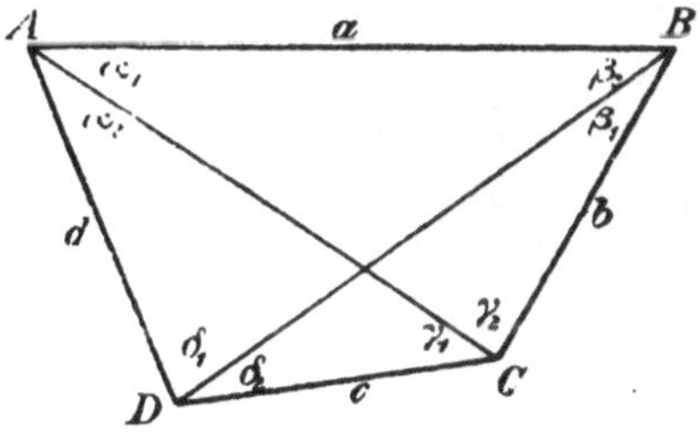

Fig. 44.

Bezeichnet man die 8 Winkel an den Ecken des Vierecks der Reihe nach mit α_1, α_2, β_1, usw. (Fig. 44), so ist

$$\frac{\sin\alpha_1}{\sin\gamma_2} = \frac{b}{a}, \quad \frac{\sin\beta_1}{\sin\delta_2} = \frac{c}{b}, \quad \frac{\sin\gamma_1}{\sin\alpha_2} = \frac{d}{c}, \quad \frac{\sin\delta_1}{\sin\beta_2} = \frac{a}{d},$$

mithin

(I) $$\frac{\sin\alpha_1 \sin\beta_1 \sin\gamma_1 \sin\delta_1}{\sin\alpha_2 \sin\beta_2 \sin\gamma_2 \sin\delta_2} = 1.$$

Diese Beziehung benutzt man zur Lösung der Aufgabe:
Gegeben sind im Viereck die Strecke c und die Winkel α_1, α_2, β_1, β_2. Die Strecke a soll berechnet werden.

Lösung: Es ist $\angle \delta_1^* = 180^0 - (\alpha_1 + \alpha_2 + \beta_2)$ und $\angle \gamma_2^* = 180^0 - (\beta_1 + \beta_2 + \alpha_1)$.

Ferner ist $(\gamma_1 + \delta_2)^* = \alpha_1 + \beta_2$ und

$$\frac{\sin\gamma_1}{\sin\delta_2} = \frac{\sin\alpha_2 \sin\beta_2 \sin\gamma_2}{\sin\alpha_1 \sin\beta_1 \sin\delta_1} = u\,.$$

Aus den letzten beiden Gleichungen folgt (vgl. § 51, 11 und § 52, 9)

$$\operatorname{tg}\left(\frac{\gamma_1 - \delta_2}{2}\right)^* = \operatorname{tg}\frac{\gamma_1 + \delta_2}{2} \cdot \frac{u - 1}{u + 1}\,.$$

Durch $\frac{\gamma_1 + \delta_2}{2}$ und $\frac{\gamma_1 - \delta_2}{2}$ sind γ_1 und δ_2 bestimmt, usw.

Zahlenbeispiele:

1. $c = 1000$ m, $\alpha_1 = 30^0$, $\alpha_2 = 43^0$, $\beta_1 = 35^0$, $\beta_2 = 48^0$.
Lösung: $a = 1352$ m.

2. $a = 1000$ m, $\gamma_1 = 50^0$, $\gamma_2 = 48^0$, $\delta_1 = 20^0$, $\delta_2 = 40^0$.
Lösung: $c = 1305$ m.

Auch diese Aufgabe ist vielgestaltig, je nach der Lage der Linien AB und CD zueinander. (Vgl. Hammer, Lehrbuch der Trigonometrie, § 34, 2, daselbst auch weitere Zahlenbeispiele.)

---

§ 53. Das Viereck.

A) Die Berechnung des Vierecks aus fünf gegebenen Stücken kann in vielen Fällen dadurch bewirkt werden, daß man das Viereck in Dreiecke zerlegt und diese schrittweise berechnet. — In anderen Fällen empfiehlt es sich, den Linienzug des Vierecks auf die Achsen eines passend gewählten Koordinatensystems zu projizieren und die Gleichungen dafür aufzustellen, daß, bei gehöriger Beachtung der Vorzeichen der Glieder, die Summe der Projektionen der vier Viereckseiten auf jede der beiden

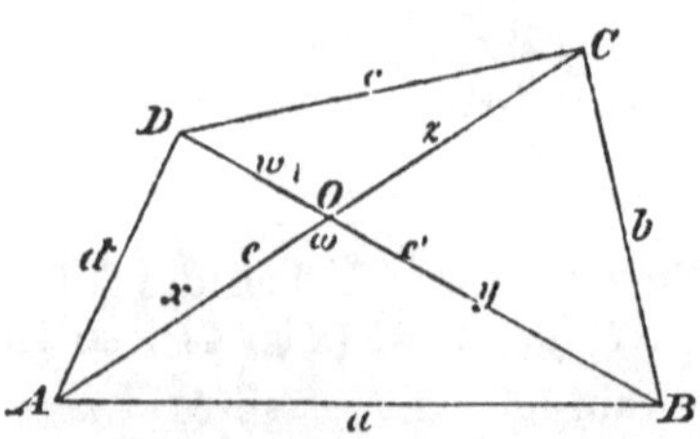

Fig. 45.

Achsen gleich Null ist. — Oft finden Gleichungen nützliche Verwendung, die sich für das Viereck dadurch ableiten lassen, daß man in zwei Teildreiecken des Vierecks, die ein Stück gemeinsam haben, dieses Stück durch die übrigen Stücke beider Dreiecke zweimal ausdrückt und die erhaltenen Werte gleichsetzt. So folgt z. B. in Fig. 45 aus

$$e^2 = a^2 + b^2 - 2\,ab\cos\beta$$

und

$$e^2 = c^2 + d^2 - 2\,cd\cos\delta$$

die Gleichung

$$(1\text{a})\qquad a^2 + b^2 - 2\,ab\cos\beta = c^2 + d^2 - 2\,cd\cos\delta\,,$$

und analog

$$(1\text{b})\qquad b^2 + c^2 - 2\,bc\cos\gamma = d^2 + a^2 - 2\,da\cos\alpha\,.$$

Der Sinussatz ergibt auch eine große Zahl derartiger Beziehungen zwischen Seiten, Diagonalen und Winkeln, die von Seiten und Diagonalen gebildet werden. Die Anwendung derselben führt hier aber zu nicht wesentlich anderem Verfahren als die schrittweise Berechnung der Teildreiecke des Vierecks.

Für den Inhalt des Vierecks ergeben sich folgende Gleichungen (Fig. 45).

Aus

$$\left.\begin{aligned} J_{(AOB)} &= \frac{xy}{2}\sin\omega\,, \\ J_{(BOC)} &= \frac{yz}{2}\sin\omega\,, \\ J_{(COD)} &= \frac{zw}{2}\sin\omega\,, \\ J_{(DOA)} &= \frac{wx}{2}\sin\omega \end{aligned}\right\}\ \text{folgt}$$

$$(2)\qquad J_{(ABCD)} = \frac{xy + yz + zw + wx}{2}\sin\omega = \frac{ee'}{2}\sin\omega\,,$$

wo ω der Winkel ist, den die Diagonalen miteinander bilden.

Aus
$$a^2 = x^2 + y^2 - 2\,xy\cos\omega\,,$$
$$b^2 = y^2 + z^2 + 2\,yz\cos\omega\,,$$
$$c^2 = z^2 + w^2 - 2\,wz\cos\omega\,,$$
$$d^2 = w^2 + x^2 + 2\,wx\cos\omega$$
folgt
$$b^2 + d^2 - a^2 - c^2 = 2\,e\,e'\cos\omega\,.$$

Daraus und aus (2) folgt

$$(3)\qquad J_{(ABCD)} = \frac{b^2 + d^2 - a^2 - c^2}{4}\operatorname{tg}\omega\,.$$

B) Im **Sehnenviereck** ergeben sich aus dem Umstande, daß $\alpha + \gamma = 180^0$, $\beta + \delta = 180^0$ und die Winkel zwischen Seiten und Diagonalen paarweise gleich sind, wichtige Beziehungen:

Aus
$$e^2 = a^2 + b^2 - 2\,ab\cos\beta\,,\quad e_1^2 = a^2 + d^2 - 2\,a\,d\cos\alpha\,,$$
$$e^2 = c^2 + d^2 + 2\,cd\cos\beta\,,\quad e_1^2 = c^2 + b^2 + 2\,c\,b\cos\alpha$$
folgt
$$\cos\alpha = \frac{a^2 + d^2 - c^2 - b^2}{2\,(a\,d + b\,c)}\,,$$
$$\cos\beta = \frac{a^2 + b^2 - c^2 - d^2}{2\,(a\,b + c\,d)}\,.$$

Aus diesen Gleichungen leitet man ab, indem man $1 - \cos\alpha$, $1 + \cos\alpha$, $2\sin\frac{\alpha}{2}\cos\frac{\alpha}{2}$ bildet und $a+b+c+d=2s$ setzt:

$$(1)\qquad \sin\frac{\alpha}{2} = \sqrt{\frac{(s-a)(s-d)}{a\,d + b\,c}}\,,$$

$$(2)\qquad \cos\frac{\alpha}{2} = \sqrt{\frac{(s-b)(s-c)}{a\,d + b\,c}}\,,$$

$$(3)\qquad \operatorname{tg}\frac{\alpha}{2} = \sqrt{\frac{(s-a)\,(s-d)}{(s-b)\,(s-c)}}\,,$$

$$(4)\qquad \sin\alpha = \frac{2\sqrt{(s-a)(s-b)(s-c)(s-d)}}{a\,d + b\,c}$$

und analoge Formeln für β, γ, δ.

Aus den Gleichungen (Fig. 46)

$$\frac{a}{d}=\frac{\sin\delta_2}{\sin\beta_1} \quad \text{und} \quad \frac{d}{c}=\frac{\sin\gamma_2}{\sin\alpha_1}$$

folgt

(5) $$\frac{a}{c}=\frac{\sin\gamma_1}{\sin\alpha_1} \quad \text{und analog} \quad \frac{b}{d}=\frac{\sin\delta_1}{\sin\beta_1}.$$

D. h.: Im Sehnenviereck verhalten sich zwei gegenüberliegende Seiten wie die Sinus der zugehörigen Peripheriewinkel.

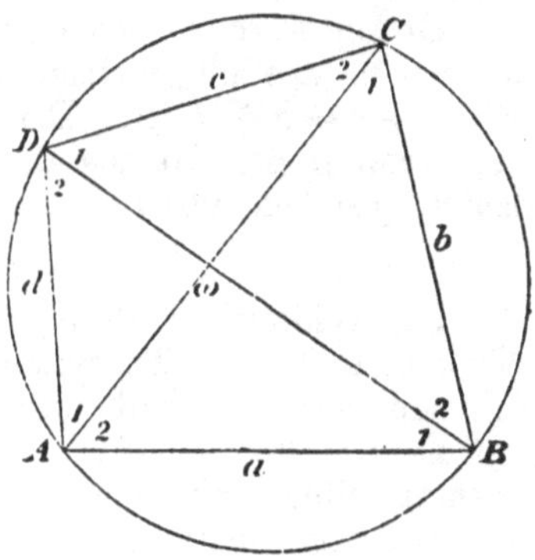

Fig. 46.

Aus den abgeleiteten Formeln und den Gleichungen (vgl. § 33, Schluß)

(6) $$\begin{cases} e=2r\sin\beta, \\ e'=2r\sin\alpha \end{cases}$$

lassen sich die aus der Geometrie bekannten Relationen, welche e, e' und r nur durch die Seiten ausdrücken,

(7) $$\begin{cases} e=\sqrt{\dfrac{(ac+bd)(ad+bc)}{(ab+cd)}}, \\ e'=\sqrt{\dfrac{(ac+bd)(ab+cd)}{ad+bc}}, \end{cases}$$

(8) $$r=\frac{1}{4}\sqrt{\frac{(ab+cd)(ac+bd)(ad+bc)}{(s-a)(s-b)(s-c)(s-d)}},$$

ferner der ptolemäische Lehrsatz

(9) $$ee'=ac+bd$$

und die Gleichung

(10) $$\frac{e}{e'}=\frac{ad+bc}{ab+cd}$$

leicht verifizieren.

Aus

$$J_{(ABD)}=\frac{ad}{2}\sin\alpha \quad \text{und} \quad J_{(CBD)}=\frac{bc}{2}\sin\alpha$$

folgt

$$(11) \qquad J_{(ABCD)} = \frac{ad + bc}{2} \sin\alpha$$

und, mit Benutzung von (4),

$$(12) \qquad J_{(ABCD)} = \sqrt{(s-a)(s-b)(s-c)(s-d)} \, .$$

Aus A), (2) folgt mit Benutzung von B), (6)

$$(13) \qquad J_{(ABCD)} = 2 r^2 \sin\alpha \sin\beta \sin\omega \, .$$

C) Die Formeln des Tangentenvierecks ergeben sich aus denen des allgemeinen Vierecks, wenn man beachtet, daß $a + c = b + d$ ist. Der Inhalt des Tangentenvierecks ist, wenn ϱ den Radius des einbeschriebenen Kreises bedeutet, gegeben durch

$$J_{(ABCD)} = s\varrho \, .$$

Die zahlreichen Beziehungen zwischen Inhalt, Seiten, Winkeln und ϱ im Tangentenviereck sind wenig übersichtlich und mögen deshalb hier fehlen.

D) Die Formeln für das Trapez und das Parallelogramm leiten sich unmittelbar aus denen für das Dreieck ab. Bei der Ableitung der ersteren beachte man, daß zur Verknüpfung der getrennt liegenden Stücke des Trapezes die Diagonalen, eine Parallele durch eine Ecke zu einer der nicht parallelen Seiten und eine Parallele durch eine Ecke zu einer der Diagonalen gute Dienste tun.

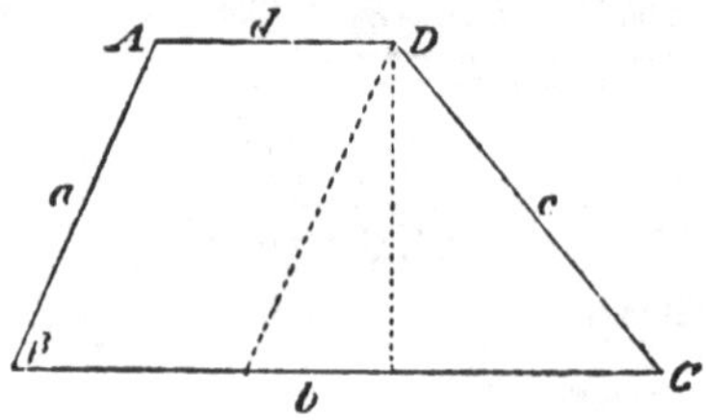

Fig. 47.

Man findet z. B. ohne Mühe, daß im Trapez

$$a \sin\beta = c \sin\gamma \, ,$$

$$a \cos\beta + c \cos\gamma = b - d$$

und im Parallelogramm

$$e^2 + e_1^2 = 2a^2 + 2b^2 \, ,$$

$$J_{(ABCD)} = \frac{ee'}{2} \sin\omega = ab \sin\alpha \, ,$$

$$J_{(ABCD)} = \frac{a^2 - b^2}{2} \operatorname{tg}\omega = \frac{e^2 - e_1^2}{4} \operatorname{tg}\alpha$$

ist.

II. Sphärische Trigonometrie.

I. Abschnitt.

Dreiseitige körperliche Ecken und sphärische Dreiecke.

§ 1. Körperliche Ecken.

Zieht man durch einen Punkt E im Raume eine Anzahl von Halbstrahlen EA, EB, EC, ED, ..., die nicht alle in derselben Ebene liegen, und legt durch je zwei aufeinander folgende Halbstrahlen ein Ebenenstück, das von denselben begrenzt wird, so entsteht eine **körperliche Ecke** $E(ABCD\ldots)$.

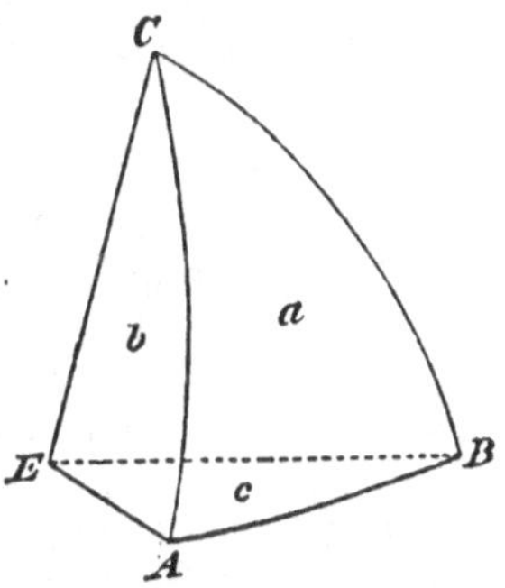

Fig. 48.

Die Winkelfelder AEB, BEC, ... werden als **Seiten der Ecke** bezeichnet. Als **Winkel der Ecke** bezeichnet man die Neigungswinkel, welche die Seiten der Ecke miteinander bilden. Den Neigungswinkel zweier Seiten einer Ecke erhält man, wenn man in einem beliebigen Punkte ihrer gemeinsamen Kante in beiden Seiten auf der Kante Lote errichtet. Man erhält einen ebenso großen Winkel (oder seinen Supplementwinkel), wenn man in einem beliebigen Punkte der gemeinsamen Kante **auf** beiden Seiten Lote errichtet.

In der dreiseitigen körperlichen Ecke $E(ABC)$ sollen die Seiten BEC, CEA, AEB bezw. mit a, b, c und die Neigungswinkel an den Kanten EA, EB, EC bezw. mit α, β, γ bezeichnet werden. Errichtet man auf den drei Seiten BEC, CEA, AEB der Ecke $E(ABC)$ bezw. die Lote EA', EB', EC' alle nach außen, so bilden dieselben die Kanten der Polarecke $E(A'B'C')$ zur ursprünglichen Ecke (Fig. 49).

Lehrsatz 1: Ist eine Ecke $E(A'B'C')$ Polarecke zu einer andern Ecke $E(ABC)$, so ist diese auch die Polarecke zu der erstgenannten (Fig. 49).

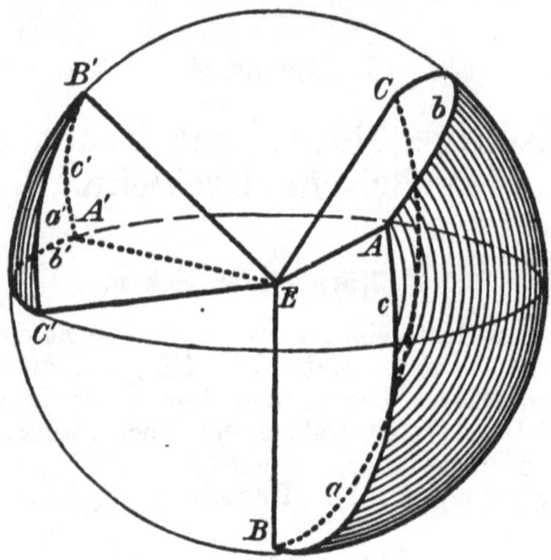

Fig. 49.

Beweis: Da $EB' \perp b$, also $EB' \perp EA$, und $EC' \perp c$, also $EC' \perp EA$ steht, so ist $EA \perp a'$. Analog ist $EB \perp b'$ und $EC \perp c'$. D. h. die Kanten der ursprünglichen Ecke $E(ABC)$ stehen auch senkrecht auf den Seiten der Polarecke $E(A'B'C')$, oder die Ecke $E(ABC)$ ist auch die Polarecke zu $E(A'B'C')$.

Lehrsatz 2: Die Seiten und Winkel einer körperlichen Ecke sind die Supplemente zu den entsprechenden Winkeln und Seiten der zur Ecke gehörigen Polarecke (Fig. 49).

Beweis: Da $EB \perp b'$ und $EC \perp c'$, so ist $\angle BEC = 180^0 - \alpha'$. Denn die Lote, welche auf zwei Ebenen b' und c' im selben Punkte E ihres Schnittstrahls nach entgegengesetzten Seiten errichtet werden, schließen das Supplement des Neigungswinkels der beiden Ebenen ein. Also ist

$$a + \alpha' = 180^0.$$

Analog wird bewiesen, daß $b + \beta' = c + \gamma' = 180^0$ und $\alpha + a' = \beta + b' = \gamma + c' = 180^0$ ist.

Lehrsatz 3: Die Seitensumme der dreiseitigen körperlichen Ecke liegt zwischen 0^0 und 360^0.

Beweis aus der Anschauung.

Lehrsatz 4: Die Winkelsumme der dreiseitigen körperlichen Ecke liegt zwischen 180^0 und 540^0.

Beweis: Man konstruiere die Polarecke zu der betrachteten körperlichen Ecke. Dann ist

$$\alpha + a' = 180^0, \quad \beta + b' = 180^0, \quad \gamma + c' = 180^0,$$

mithin $$(\alpha + \beta + \gamma) + (a' + b' + c') = 540^0.$$

Da nun $0^0 \leqq a' + b' + c' \leqq 360^0$ ist, folgt

$$180^0 \leqq \alpha + \beta + \gamma \leqq 540^0.$$

§ 2. Sphärische Dreiecke.

Schneidet eine Ebene eine Kugelfläche, so ist die Schnittlinie ein Kreis. Geht die schneidende Ebene durch den Mittelpunkt der Kugelfläche, so heißt die Schnittlinie ein größter Kreis der Kugel. — Die Ebenen zweier größter Kreise schneiden sich in einem Durchmesser. Zwei größte Kreise auf einer Kugelfläche zerlegen dieselbe in vier sphärische Zweiecke. Ein dritter größter Kreis zerlegt die vier sphärischen Zweiecke in acht sphärische Dreiecke. — Jede Figur auf der Kugeloberfläche, die von drei Bögen größter Kreise begrenzt wird, ist ein sphärisches Dreieck. Solche sphärische Dreiecke, welche vollständig auf einer Hälfte der Kugeloberfläche Platz finden, heißen sphärische Dreiecke im engeren Wortsinne. Nur von ihnen soll künftig die Rede sein.

Die durch ihre Zentriwinkel gemessenen Begrenzungsbögen des sphärischen Dreiecks werden als die Seiten des Dreiecks bezeichnet. Die Winkel, welche von den Tangenten zweier Seiten des sphärischen Dreiecks im gemeinsamen Endpunkt der Seiten gebildet werden, sollen als die Winkel des Dreiecks bezeichnet werden. Seiten und Winkel des Dreiecks erhalten den gemeinsamen Namen Stücke des Dreiecks.

§ 3. Zuordnung körperlicher Ecken und sphärischer Dreiecke.

Beschreibt man um den Scheitel E einer dreiseitigen körperlichen Ecke eine Kugel, so schneidet die Ecke aus der Kugeloberfläche das der Ecke zugeordnete sphärische Dreieck heraus (vgl. Fig. 48). Die Größe des benutzten Kugelradius ist ohne Einfluß auf die Größe der Seiten und Winkel des sphärischen Dreiecks. Die Seiten und Winkel des sphärischen Dreiecks haben gleiche Größe mit den entsprechenden Stücken der zugeordneten Ecke. — Die Sätze von der körperlichen Ecke lassen sich demnach auf das sphärische Dreieck übertragen.

Die Seitensumme des sphärischen Dreiecks liegt zwischen 0^0 und 360^0.

Die Winkelsumme des sphärischen Dreiecks liegt zwischen 180^0 und 540^0. Der Überschuß der Winkelsumme des sphärischen Dreiecks über 180^0 wird der sphärische Exzeß ε des Dreiecks genannt. Es ist

$$\varepsilon = \alpha + \beta + \gamma - 180^0.$$

Als Pole eines größten Kreises auf einer Kugelfläche bezeichnet man die Endpunkte desjenigen Kugeldurchmessers, der auf dem größten Kreise senkrecht steht. So sind in Fig. 49 A', B', C' die Pole der größten Kreise, von denen a, b und c Bögen sind. — Diejenigen sphärischen Dreiecke, welche zu einer körperlichen Ecke und ihrer Polarecke gehören, werden als Polardreiecke zueinander bezeichnet. In Fig. 49 sind ABC und $A'B'C'$ solche Polardreiecke. Die Ecken eines sphärischen Dreiecks sind Pole der größten Kreise, deren Bögen die Seiten des dem Dreiecke zugehörigen Polardreiecks bilden. — Die Seiten und Winkel eines sphärischen Dreiecks sind die Supplemente zu den Winkeln und Seiten des zum Dreieck gehörigen Polardreiecks.

In der dargelegten Zuordnung der räumlichen körperlichen Ecken zu den nur flächenhaft ausgedehnten sphärischen Dreiecken liegt der Vorteil, die räumliche Betrachtung der Gebilde durch eine einfachere, flächenhafte ersetzen zu können. Der Vorteil wird verstärkt durch die Fülle der Analogien, welche im Verhalten der ebenen und sphärischen Dreiecke bestehen, und die sich im folgenden ergeben werden.

§ 4. Wesentliche Unterschiede zwischen ebenen und sphärischen Dreiecken.

1. Im ebenen Dreieck ist die Winkelsumme konstant; die drei Winkel des Dreiecks sind also voneinander abhängige Bestimmungsstücke desselben. Im sphärischen Dreieck ist die Winkelsumme variabel; die drei Winkel sind voneinander unabhängig. Dieser Umstand bringt die Zahl der Kongruenzsätze für das sphärische Dreieck auf sechs.

2. Die Beziehung zwischen den Seiten und Winkeln eines sphärischen Dreiecks und seines Polardreiecks, die in der ebenen Dreieckslehre kein Entsprechendes hat, läßt die Kongruenzsätze der sphärischen Dreieckslehre in zwei Gruppen zu dreien zerfallen, derart, daß die Sätze einer beliebigen der beiden Gruppen notwendige Folge der entsprechenden Sätze der andern Gruppe sind.

3. Die vordere und die hintere Fläche eines ebenen Dreiecks sind gleichwertig. Daraus folgt, daß, wenn zwei ebene Figuren derselben Ebene zueinander symmetrisch in bezug auf eine Gerade der Ebene sind, eine Drehung der einen Figur um diese Symmetrieachse durch einen Winkel von 180° die beiden Figuren zur Deckung bringt. Dabei fallen die beiden Figuren entweder mit den beiden Vorderflächen oder mit den beiden Rückenflächen aufeinander. Symmetrische ebene Figuren sind kongruent. Kongruente ebene Figuren können in einer Ebene in solche Lage gebracht werden, daß sie in bezug auf eine Gerade in der Ebene symmetrisch sind. — Das sphärische Dreieck besitzt eine hohle, innere und eine erhabene, äußere Fläche. Diese Flächen sind nicht gleichwertig. Wenn zwei sphärische Dreiecke derselben Kugelfläche in bezug auf einen größten Kreis derselben symmetrisch sind, ist eine Deckung der beiden Figuren im allgemeinen unmöglich, obwohl Winkel und Seiten der beiden Figuren paarweise gleich sind. Sphärische Dreiecke derselben Kugelfläche, die in bezug auf einen größten Kreis ihrer Kugel symmetrisch sind, sind im allgemeinen nicht kongruent, und kongruente sphärische Dreiecke derselben Kugelfläche können im allgemeinen nicht in solche Lage auf derselben gebracht werden, daß sie in bezug auf einen größten Kreis der Kugel symmetrisch sind. — Dieser Umstand führt zur Einführung des Begriffs der Umlaufs-

richtung. Als Umlaufsrichtung des sphärischen Dreiecks soll diejenige Richtung bezeichnet werden, in welcher die Finger der rechten Hand zeigen, wenn man an einer Stelle des Umfangs die Handfläche so auf die erhabene, äußere Dreiecksfläche legt, daß der Flächeninhalt des Dreiecks auf der Daumenseite liegt. — Längs jeder Seite eines sphärischen Dreiecks ändert sich die Umlaufsrichtung stetig, in jeder Ecke sprungweise, stets aber durch eine nach der Daumenseite hin erfolgende Drehung. — Bezeichnet man in einem sphärischen Dreiecke irgend eins der sechs Stücke als erstes, so ist durch die Umlaufsrichtung die Reihenfolge der fünf übrigen Stücke bestimmt. Unter aufeinander folgenden Seiten sollen immer Seiten verstanden werden, die im Sinne der Umlaufsrichtung aufeinander folgen.

---

§ 5. Die Kongruenzsätze der sphärischen Dreieckslehre.

Ein sphärisches Dreieck ist eindeutig bestimmt, wenn gegeben sind

1a) die drei aufeinander folgenden Seiten: a, b, c,

2a) zwei aufeinander folgende Seiten und der eingeschlossene Winkel: a, b, γ,

1b) die drei aufeinander folgenden Winkel: α, β, γ,

2b) zwei aufeinander folgende Winkel und die eingeschlossene Seite: α, β, c.

Die Konstruktion des Dreiecks in den Fällen 1b) und 2b) kann zurückgeführt werden auf die Konstruktionen 1a) und 2a): Man konstruiert zuerst die zu den Dreiecken gehörigen Polardreiecke aus den Stücken $a' = 180^0 - \alpha$, $b' = 180^0 - \beta$, $c' = 180^0 - \gamma$, bezw. aus den Stücken $a' = 180^0 - \alpha$, $b' = 180^0 - \beta$, $\gamma' = 180^0 - c$ und geht von diesen Dreiecken zu ihren Polardreiecken über.

Ein sphärisches Dreieck ist im allgemeinen zweideutig bestimmt, wenn gegeben sind

3a) zwei aufeinander folgende Seiten und der Gegenwinkel der einen Seite: a, b, β,

3b) zwei aufeinander folgende Winkel und die Gegenseite des einen Winkels: α, β, b.

Die Konstruktion des Dreiecks im Falle 3b) kann ebenfalls durch Benutzung der Polarecke auf den Fall 3a) zurückgeführt werden.

Aus den Bemerkungen dieses Paragraphen ergeben sich die sechs Kongruenzsätze der sphärischen Dreieckslehre:

Zwei sphärische Dreiecke derselben Kugeloberfläche sind kongruent, wenn sie paarweise gleich haben

entweder 1a) die drei aufeinander folgenden Seiten,

oder 2a) zwei aufeinander folgende Seiten und den eingeschlossenen Winkel,

oder 3a) zwei aufeinander folgende Seiten und den Gegenwinkel der einen Seite, während die Gegenwinkel der andern Seite in den beiden Dreiecken nicht Supplemente zueinander sind,

oder 1b) die drei aufeinander folgenden Winkel,

oder 2b) zwei aufeinander folgende Winkel und die eingeschlossene Seite,

oder 3b) zwei aufeinander folgende Winkel und die Gegenseite des einen Winkels, während die Gegenseiten des andern Winkels in den beiden Dreiecken nicht Supplemente zueinander sind.

Wenn drei aufeinander folgende Stücke eines sphärischen Dreiecks, wie sie in den sechs Kongruenzsätzen aufgezählt sind, drei gleichartigen Stücken eines andern sphärischen Dreiecks paarweise gleich sind, die in dem der Umlaufsrichtung entgegengesetzten Sinne aufeinander folgen, so sind die Dreiecke symmetrisch. In kongruenten Dreiecken sind die aufeinander folgenden Stücke paarweise gleich. In symmetrischen Dreiecken sind die Stücke des einen denen des andern in entgegengesetzter Reihenfolge paarweise gleich.

---

§ 6. Besondere Formen sphärischer Dreiecke.

1. Ist ein Neigungswinkel eines sphärischen Dreiecks gleich 90°, so heißt das Dreieck rechtwinklig. Im Polardreieck eines rechtwinkligen Dreiecks ist eine Seite gleich 90°. Ein Dreieck, in dem eine Seite gleich 90° ist, heißt Quadrantendreieck. Im sphärischen rechtwinkligen Dreieck kann die Hypotenuse kleiner als jede Kathete sein. In einem sphärischen rechtwinkligen Dreiecke können ein, zwei oder drei rechte Winkel auftreten. Tritt mehr als ein rechter Winkel auf, so verlieren die Bezeichnungen

„Hypotenuse" und „Kathete" ihre Bedeutung. Das rechtwinklige Dreieck ist im allgemeinen durch zwei Stücke eindeutig bestimmt. Durch eine Kathete a und den Gegenwinkel α werden aber zwei rechtwinklige Dreiecke bestimmt, die sich zu einem sphärischen Zweieck vom Neigungswinkel α ergänzen. Sind in einem sphärischen Dreieck zwei Winkel gleich $90^0 (\gamma = \beta = 90^0)$, so sind zwei Seiten $b = c$ ebenfalls gleich 90^0, und das Dreieck ist nur durch den dritten Winkel α oder durch seine Gegenseite a bestimmbar*). Eine Kathete und ihr Gegenwinkel im rechtwinklig-sphärischen Dreieck sind stets gleichzeitig spitz oder stumpf, und die Kathete unterscheidet sich stets mehr von 90^0 als ihr Gegenwinkel**). Wird im Grenzfall die Kathete ihrem Gegenwinkel gleich, so geht das Dreieck in eins mit zwei Neigungswinkeln von 90^0 und mit zwei Seiten von 90^0 über.

2. Aus Gründen der Symmetrie folgt, daß das gleichschenklige sphärische Dreieck zwei gleiche Winkel und das sphärische Dreieck mit zwei gleichen Winkeln auch zwei gleiche Seiten hat. Daraus folgt, a) daß das gleichseitige Dreieck gleichwinklig und das gleichwinklige Dreieck gleichseitig ist, und b) durch unmittelbare Anschauung am Kugelmodell, (man trage die kleinere Seite vom gemeinsamen Endpunkte aus auf der größeren ab und verbinde den freien Endpunkt mit der Gegenecke des Dreiecks durch einen größten Kreis!) daß auch im sphärischen Dreieck der größeren Dreiecksseite der größere Winkel gegenüberliegt und umgekehrt. — Gleichschenklige sphärische Dreiecke, die symmetrisch zu einem größten Kreise ihrer gemeinschaftlichen Kugelfläche liegen, sind kongruent (vgl. § 4, 3), und kongruente gleichschenklige Dreiecke können in symmetrische Lage zu eineht größten Kreise ihrer gemeinschaftlichen Kugelfläche gebracm werden.

*) Die Richtigkeit dieser Sätze ergibt sich durch die Anschauung am Kugelmodell, etwa an einem Globus.

**) Dieser Satz ergibt sich aus der II, § 10, 9 abgeleiteten Formel.

II. Abschnitt.

Die Grundformeln für die Berechnung sphärischer Dreiecke.

§ 7. Der Sinussatz.

Man fälle von einem Punkte A einer Kante der körperlichen Ecke E das Lot AD auf die Seite a der Ecke und die Lote AB und AC auf die Kanten EB und EC der Ecke und verbinde D mit B und C. Dann sind auch $DB \perp EB$ und $DC \perp EC$, und $\angle ABD = \angle \beta$ und $\angle ACD = \angle \gamma$ sind zwei Neigungswinkel der körperlichen Ecke E. $\angle AEC = \angle b$ und $\angle AEB = \angle c$ sind zwei Seiten derselben.

Dann ist

$$\sin\beta = \frac{AD}{AB}, \qquad \frac{AB}{AE} = \sin c,$$

$$\sin\gamma = \frac{AD}{AC}, \qquad \frac{AC}{AE} = \sin b.$$

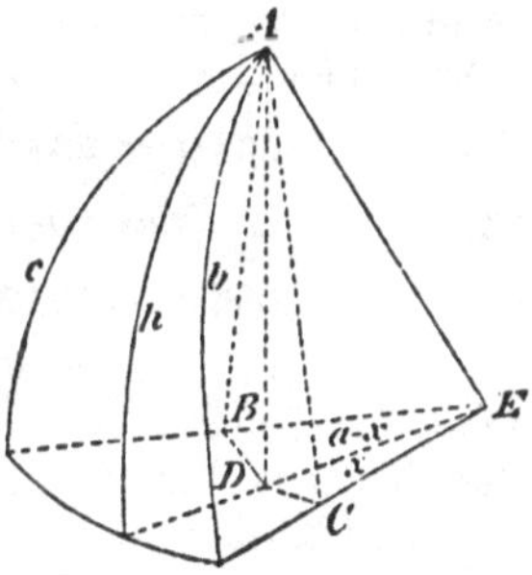

Fig. 50.

Mithin ist

$$\sin\beta \sin c = \frac{AD}{AE} = \sin\gamma \sin b,$$

oder

$$\frac{\sin b}{\sin\beta} = \frac{\sin c}{\sin\gamma}.$$

Durch Wiederholung der Betrachtung mit Hilfe eines von C auf c gefällten Lotes erhält man

$$\frac{\sin a}{\sin\alpha} = \frac{\sin b}{\sin\beta} = \frac{\sin c}{\sin\gamma} = M.$$

In jeder körperlichen Ecke und in jedem sphärischen Dreiecke ist das Verhältnis zwischen dem Sinus einer Seite und dem Sinus ihres Gegenwinkels konstant. Dieses konstante Verhältnis wird der Modul des sphärischen Dreiecks genannt.

---

§ 8. Der Seitenkosinussatz und der Winkelkosinussatz.

In der Figur des vorigen Paragraphen ziehe man ED und setze $\angle CED = \angle x$, mithin $\angle BED = \angle(a - x)$. Dann ist auf Grund der Formel

$$\cos(a - x) = \cos a \cos x + \sin a \sin x$$

$$\frac{EB}{ED} = \cos a \cdot \frac{EC}{ED} + \sin a \cdot \frac{CD}{ED},$$

oder

$$EB = \cos a \cos b \cdot EA + \sin a \cos\gamma \cdot CA,$$

oder

$$\cos c \cdot EA = \cos a \cos b \cdot EA + \sin a \sin b \cos\gamma \cdot EA$$

oder

$$\cos c = \cos a \cos b + \sin a \sin b \cos\gamma .$$

Durch Wiederholung der Betrachtung mit Hilfe der von B und C bezw. auf b und c gefällten Lote, oder einfacher durch zyklische Vertauschung der Stücke des Dreiecks erhält man den Seitenkosinussatz:

$$\text{(1)} \qquad \mathbf{\cos a = \cos b \cos c + \sin b \sin c \cos\alpha},$$

$$\text{(2)} \qquad \mathbf{\cos b = \cos c \cos a + \sin c \sin a \cos\beta},$$

$$\text{(3)} \qquad \mathbf{\cos c = \cos a \cos b + \sin a \sin b \cos\gamma}.$$

In jeder körperlichen Ecke und in jedem sphärischen Dreiecke ist der Kosinus einer Seite gleich dem Produkt der Kosinus der beiden andern Seiten, vermehrt um das mit dem Kosinus des eingeschlossenen Winkels multiplizierte Produkt der Sinus derselben beiden Seiten.

Sind $a', b', c', \alpha', \beta', \gamma'$ die Stücke der einer körperlichen Ecke zugeordneten Polarecke, so ist

$$a' = 180^0 - \alpha, \qquad \alpha' = 180^0 - a,$$

$$b' = 180^0 - \beta, \qquad \beta' = 180^0 - b,$$

$$c' = 180^0 - \gamma, \qquad \gamma' = 180^0 - c.$$

Setzt man diese Werte in die Formeln des Seitenkosinussatzes für die Polarecke ein, so erhält man den Winkelkosinussatz:

$$(1)\qquad \cos\alpha = -\cos\beta\cos\gamma + \sin\beta\sin\gamma\cos a\,,$$

$$(2)\qquad \cos\beta = -\cos\gamma\cos\alpha + \sin\gamma\sin\alpha\cos b\,,$$

$$(3)\qquad \cos\gamma = -\cos\alpha\cos\beta + \sin\alpha\sin\beta\cos c\,.$$

In jeder körperlichen Ecke und in jedem sphärischen Dreieck ist der Kosinus eines Winkels gleich dem negativen Produkt der Kosinus der beiden anderen Winkel, vermehrt um das mit dem Kosinus der eingeschlossenen Seite multiplizierte Produkt der Sinus derselben beiden Winkel.

---

§ 9. Der Satz der vier aufeinander folgenden Stücke.

Mit Hilfe des Sinussatzes und des Seitenkosinussatzes lassen sich alle Aufgaben über die Berechnung sphärischer Dreiecke lösen. Manche Rechnungen vereinfachen sich aber, wenn man den Satz der vier aufeinander folgenden Stücke zur Hilfe nimmt.

In Fig. 50a sei $AD \perp a$, $AB \perp EB$, $AC \perp EC$, $DF \parallel CE$, $BG \parallel DC$, so ist auch $DB \perp EB$, $DC \perp EC$, $BG \perp EC$, $\angle DBG = \angle a$, $\angle ABD = \angle\beta$, $\angle ACD = \gamma$, und

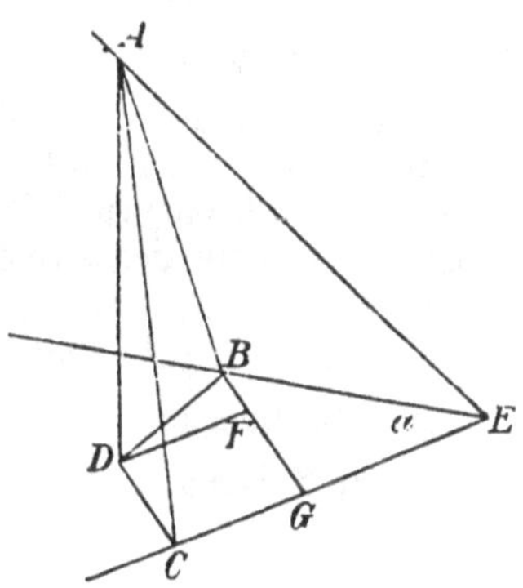

Fig. 50a.

$$(\mathrm{I})\qquad BF = BG - DC\,.$$

Ferner ist

$$BF = \cos a \cdot DB = \cos a\cos\beta \cdot AB$$
$$= \cos a\cos\beta\sin c\,AE\,,$$

$$BG = \sin a\,BE = \sin a\cos c\,AE\,,$$

$$DC = \cos\gamma\,AC = \cos\gamma\sin b\,AE\,.$$

Setzt man diese drei Werte in die Formel (I) ein, so erhält man

$$\cos a\cos\beta\sin c = \sin a\cos c - \cos\gamma\sin b$$

oder, wenn man beide Seiten der Gleichung durch $\sin c$ teilt und beachtet, daß

$$\frac{\sin b}{\sin c} = \frac{\sin\beta}{\sin\gamma}$$

ist,

$$\cos\beta\cos a = \operatorname{cotg} c \sin a - \sin\beta \operatorname{cotg}\gamma\,.$$

Denkt man sich in der Figur die Buchstaben B und C vertauscht, und wiederholt man die Betrachtung, so folgt

$$\cos\gamma\cos a = \operatorname{cotg} b \sin a - \sin\gamma \operatorname{cotg}\beta\,.$$

Durch zyklische Vertauschung der Buchstaben entsteht die folgende Formelgruppe:

$$\left.\begin{aligned} &(1) && \cos\alpha\cos c = \operatorname{cotg} b\sin c - \sin\alpha\operatorname{cotg}\beta \\ &(2) && \cos\alpha\cos b = \operatorname{cotg} c\sin b - \sin\alpha\operatorname{cotg}\gamma \end{aligned}\right\},$$

$$\left.\begin{aligned} &(3) && \cos\beta\cos a = \operatorname{cotg} c\sin a - \sin\beta\operatorname{cotg}\gamma \\ &(4) && \cos\beta\cos c = \operatorname{cotg} a\sin c - \sin\beta\operatorname{cotg}\alpha \end{aligned}\right\},$$

$$\left.\begin{aligned} &(5) && \cos\gamma\cos b = \operatorname{cotg} a\sin b - \sin\gamma\operatorname{cotg}\alpha \\ &(6) && \cos\gamma\cos a = \operatorname{cotg} b\sin a - \sin\gamma\operatorname{cotg}\beta \end{aligned}\right\}.$$

Diese Formeln sind leicht zu merken:

Bezeichnet man, mit einer beliebigen Seite des Dreiecks anfangend, vier in beliebiger Richtung aufeinander folgende Stücke des Dreiecks mit den Ziffern I, II, III, IV, so ist stets

$$\cos II \cos III = \operatorname{cotg} I \sin III - \sin II \operatorname{cotg} IV.$$

Am bequemsten liest man die Reihenfolge der Stücke aus einem Schema $\underleftarrow{\overrightarrow{a\gamma b\alpha c\beta a\gamma b}}$ ab.

---

§ 10. Die Formeln des rechtwinkligen Dreiecks.

Die Formeln der §§ 6 bis 9 vereinfachen sich wesentlich, sobald die körperliche Ecke bezw. das sphärische Dreieck rechtwinklig ist. Es sei $\angle\gamma = R$. Dann folgt aus dem Sinussatze

$$\sin a = \sin c \sin\alpha\,, \tag{1}$$

$$\sin b = \sin c \sin\beta\,, \tag{2}$$

ferner aus dem Seitenkosinussatze (3)

(3) $$\cos c = \cos a \cos b\,,$$

ferner aus dem Winkelkosinussatze

(4) $$\cos\alpha = \sin\beta \cos a\,,$$

(5) $$\cos\beta = \sin\alpha \cos b\,,$$

(6) $$\cos c = \operatorname{cotg}\alpha \operatorname{cotg}\beta\,,$$

endlich aus dem Satz der vier aufeinander folgenden Stücke [§ 9, (2), (3), (5), (6)]

(7) $$\cos\alpha = \operatorname{cotg} c \operatorname{tg} b\,,$$

(8) $$\cos\beta = \operatorname{cotg} c \operatorname{tg} a\,,$$

(9) $$\sin b = \operatorname{cotg}\alpha \operatorname{tg} a\,,$$

(10) $$\sin a = \operatorname{cotg}\beta \operatorname{tg} b\,.$$

Ordnet man, unter Weglassung des $\angle\gamma = R$, die übrigen fünf Stücke des Dreiecks in der Reihe, wie sie aufeinander folgen, den Ecken eines regelmäßigen Fünfecks zu, und bezeichnet man in den Gleichungen (1) bis (5) das auf der linken Seite genannte Dreiecksstück jedesmal als drittes, so bemerkt man, daß in jeder Gleichung außer dem dritten Stücke das jeweilig erste und fünfte Stück vorkommen, und daß in diesen Gleichungen jedes Dreiecksstück einmal als drittes vorkommt.

In den Gleichungen (6) bis (10) dagegen kommen, wenn das auf der linken Seite der Gleichung stehende Stück jedesmal als drittes bezeichnet wird, außer diesem Stück das jeweilig zweite und vierte Stück vor.

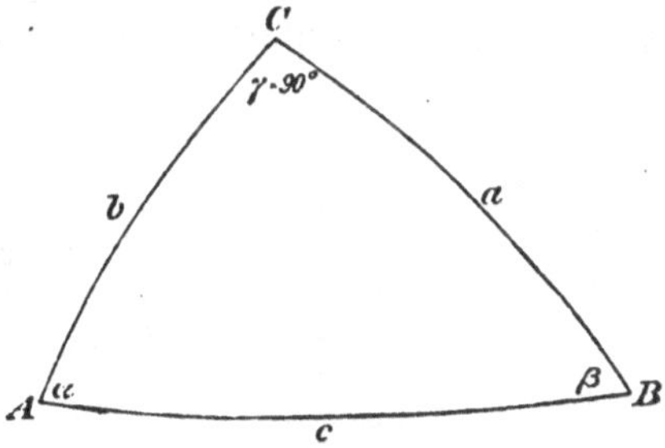

Fig. 51a.

Die Gleichungen (6) bis (10) lassen sich auch ohne Benutzung anderer Sätze direkt aus den ersten fünf Gleichungen ableiten.

Alle zehn Formeln lassen sich in der folgenden Neperschen Regel vereinigen (Fig. 51a und 51b).

Ordnet man, unter Weglassung des Winkels $\gamma = R$, die übrigen fünf Stücke des rechtwinkligen Dreiecks in der Reihe, wie sie aufeinander folgen, den fünf Ecken eines regelmäßigen Fünfecks zu, indem man gleichzeitig die Katheten a und b durch ihre Komplemente $90^0 - a$ und $90^0 - b$ ersetzt, und bezeichnet man, mit einem beliebigen Stücke anfangend, die fünf Stücke ihrer Reihenfolge nach durch die Ziffern I bis V, so ist stets

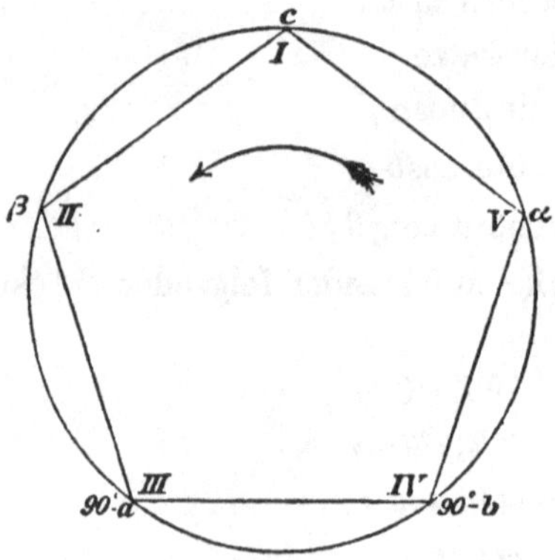

Fig. 51 b.

$$\cos III = \sin I \sin V,$$
$$\cos III = \operatorname{cotg} II \operatorname{cotg} IV.$$

Oder kürzer: Der Kosinus des mittelsten Stückes ist gleich dem Produkte der Kotangenten der ihm anliegenden und gleich dem der Sinus der ihm nicht anliegenden Stücke im Dreiecke, wo wieder bei der Zählung der rechte Winkel auszuschalten ist und an die Stelle der Katheten ihre Komplemente treten.

---

§ 11. Andere Ableitung der Formeln für das rechtwinklige Dreieck.

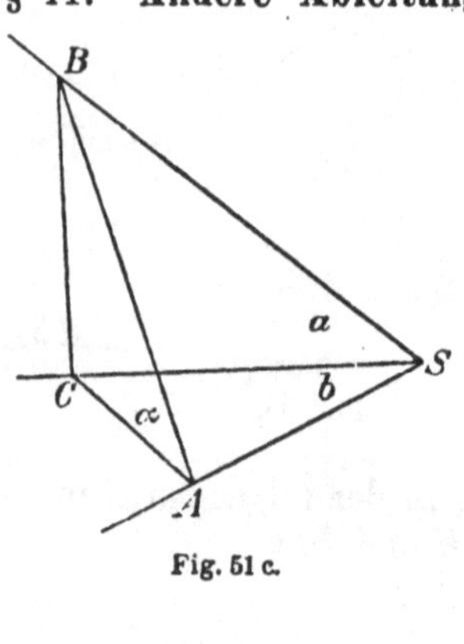

Fig. 51 c.

Die im vorigen Paragraphen entwickelten Formeln lassen sich direkt durch Betrachtung einer körperlichen Ecke (Fig. 51 c) ableiten, in welcher $\angle\gamma = R$ ist.

Fällt man von einem Punkte B der Kante SB Lote BC und BA auf die Kanten SC und SA und verbindet man C mit A, so ist

$$\angle BAC = \alpha .$$

Dann ist

(1) $$\sin\alpha = \frac{BC}{BA} = \frac{BS\sin a}{BS\sin c} = \frac{\sin a}{\sin c},$$

(2) $$\cos\alpha = \frac{AC}{AB} = \frac{AS\,\mathrm{tg}\,b}{AS\,\mathrm{tg}\,c} = \frac{\mathrm{tg}\,b}{\mathrm{tg}\,c},$$

(3) $$\mathrm{tg}\,\alpha = \frac{CB}{CA} = \frac{CS\,\mathrm{tg}\,a}{CS\sin b} = \frac{\mathrm{tg}\,a}{\sin b}.$$

Analog folgt

(4) $$\sin\beta = \frac{\sin b}{\sin c},$$

(5) $$\cos\beta = \frac{\mathrm{tg}\,a}{\mathrm{tg}\,c},$$

(6) $$\mathrm{tg}\,\beta = \frac{\mathrm{tg}\,b}{\sin a}.$$

Ferner ist

(7) $$\cos c = \frac{AS}{BS} = \frac{CS\cos b}{BS} = \cos a\cos b.$$

Unter Benutzung von Formel (7) ergibt sich aus Formel (3) und (6):

(8) $$\mathrm{tg}\,\alpha\,\mathrm{tg}\,\beta = \frac{1}{\cos c}.$$

Endlich ergibt sich unter Benutzung der vorstehenden Formeln, daß

(9) $$\frac{\cos\alpha}{\cos a} = \sin\beta$$

und

(10) $$\frac{\cos\beta}{\cos b} = \sin\alpha$$

ist.

Diese Formeln sind identisch mit denen des § 10. Sie sind leicht zu merken, wenn man sie mit den entsprechenden Formeln für das rechtwinklige Dreieck der ebenen Trigonometrie

(1) $\sin\alpha = \frac{a}{c}$, (4) $\sin\beta = \frac{b}{c}$,

(2) $\cos\alpha = \frac{b}{c}$, (5) $\cos\beta = \frac{a}{c}$,

(3) $\operatorname{tg}\alpha = \frac{a}{b}$, (6) $\operatorname{tg}\beta = \frac{b}{a}$

und den ferneren

(7) $c^2 = a^2 + b^2$, (8) $\operatorname{tg}\alpha \operatorname{tg}\beta = 1$,

(9) $\cos\alpha = \sin\beta$, (10) $\cos\beta = \sin\alpha$

vergleicht.

Man beachte im übrigen die Ausführungen des § 23 dieses Abschnittes.

---

§ 12. Die Berechnung des rechtwinkligen sphärischen Dreiecks.

Allgemein merke man:

Die Berechnung jedes rechtwinkligen sphärischen Dreiecks kann durch Anwendung der durch die Nepersche Regel gegebenen Formeln geschehen. Dieselben lassen in den meisten Fällen verschiedene Wege zur Lösung erkennen. Für die Auswahl des Weges beachte man folgendes:

1. Man vermeide möglichst die Bestimmung eines unbekannten Stückes durch die Sinusfunktion desselben, da diese zwei Werte für das Stück ergibt, und demnach zu prüfen ist, ob beide Werte oder nur einer derselben eine für das Dreieck mögliche Lösung bedeuten.

2. Da der Kosinus eines Winkels in der Nähe von 0° oder 180° sich sehr langsam ändert, so kann ein unbekanntes Stück, dessen Wert nahe an 0° oder 180° liegt, aus seiner Kosinusfunktion nicht genau bestimmt werden.

3. Aus gleichem Grunde kann ein unbekanntes Stück, dessen Wert nahe an 90° liegt, nicht genau aus seiner Sinusfunktion bestimmt werden.

4. Aus der Tangensfunktion und aus der Kotangensfunktion einer Unbekannten erhält man dieselbe stets gut bestimmt.

5. Die Berechnung eines unbekannten Stückes aus gegebenen Stücken ist unter sonst gleichen Umständen sicherer, als die aus Stücken, welche durch Rechnung gefunden sind.

Das rechtwinklige Dreieck ist bestimmt, wenn gegeben sind:

entweder 1. die beiden Katheten a und b,

oder 2. die Hypotenuse c und die eine Kathete a,

oder 3. die eine Kathete a und der anliegende Winkel β,

oder 4. die eine Kathete a und der gegenüberliegende Winkel α,

oder 5. die Hypotenuse c und ein anliegender Winkel α,

oder 6. die beiden Winkel α und β.

1. Gegeben sind $a = 125^0$, $b = 60^0$. Gesucht werden c, α, β.

Lösung:

$$\operatorname{tg}\alpha^* = \frac{\operatorname{tg}a}{\sin b},$$

$$\operatorname{tg}\beta^* = \frac{\operatorname{tg}b}{\sin a},$$

$$\cos c^* = \cos a \cos b.$$

$$\begin{aligned}
\log\operatorname{tg}125^0 &= 10{,}15477 - 10 \quad (\text{N. neg.!})\\
\log\sin\ 60^0 &= \underline{\ 9{,}93753 - 10}\\
&\ 10{,}21724 - 10, \quad 180^0 - \alpha = 58^0\,46'\ 2''.\\
&\ \qquad\qquad\qquad\qquad \alpha^* = 121^0\,13'\,58''.\\
\log\operatorname{tg}\ 60^0 &= 10{,}23856 - 10\\
\log\sin 125^0 &= \underline{\ 9{,}91336 - 10}\\
&\ 10{,}32520 - 10, \qquad \beta^* = 64^0\,41'\,20''.\\
\log\cos 125^0 &= 9{,}75859 - 10 \quad (\text{N. neg.!})\\
\log\cos\ 60^0 &= \underline{9{,}69897 - 10}\\
&\ 9{,}45756 - 10, \quad 180^0 - c = 73^0\,20'\ 3''.\\
&\ \qquad\qquad\qquad\qquad c^* = 106^0\,39'\,57''.
\end{aligned}$$

2. Gegeben sind $a = 44^0$, $c = 70^0$. Gesucht werden b, α, β.

Lösung:

$$\cos b^* = \frac{\cos c}{\cos a}, \qquad b^* = 61^0\,36'\,37''.$$

$$\cos\beta^* = \operatorname{tg}a \operatorname{ctg}c, \quad \beta^* = 69^0\,25'\,17''.$$

$$\operatorname{tg}\alpha^* = \frac{\operatorname{tg}a}{\sin b}, \qquad \alpha^* = 47^0\,40'\ 2''.$$

3. Gegeben sind $a = 53^0$, $\beta = 131^0$. Gesucht werden b, c, α.

Lösung:

$$\operatorname{tg} c^* = \frac{\operatorname{tg} a}{\cos\beta}, \qquad c^* = 116^0 18' 22''.$$

$$\operatorname{tg} b^* = \sin a \operatorname{tg}\beta, \qquad b^* = 137^0 25' 31''.$$

$$\cos\alpha^* = \sin\beta\cos a, \qquad \alpha^* = 62^0 59' 14''.$$

4. Gegeben sind $a = 35^0$, $\alpha = 61^0$. Gesucht werden c, b, β.

Lösung:

$$\sin c^* = \frac{\sin a}{\sin\alpha}, \qquad \begin{cases} c_1^* = 40^0 58' 50'', \\ c_2^* = 139^0\ 1' 10''. \end{cases}$$

$$\operatorname{tg} b^* = \cos\alpha \operatorname{tg} c, \qquad \begin{cases} b_1^* = 22^0 50' 19'', \\ b_2^* = 157^0\ 9' 41''. \end{cases}$$

$$\operatorname{cotg}\beta^* = \operatorname{tg}\alpha\cos c, \qquad \begin{cases} \beta_1^* = 36^0 17' 17'', \\ \beta_2^* = 143^0 42' 43''. \end{cases}$$

Durch eine Kathete a und ihren Gegenwinkel α sind zwei verschiedene Dreiecke bestimmt.

Dieselben bilden zusammen ein sphärisches Zweieck mit dem Zweieckswinkel α.

5. Gegeben sind $c = 143^0$, $\alpha = 143^0$. Gesucht werden a, b, β.

Lösung:

$$\operatorname{cotg}\beta^* = \cos c \operatorname{tg}\alpha, \qquad \beta^* = 58^0 57' 37''.$$

$$\operatorname{tg} b^* = \cos\alpha \operatorname{tg} c, \qquad b^* = 31^0\ 2' 23''.$$

$$\operatorname{tg} a^* = \cos\beta \operatorname{tg} c, \qquad a^* = 158^0 45' 58''.$$

6. Gegeben sind $\alpha = 70^0$, $\beta = 80^0$. Gesucht werden c, a, b.

$$\cos c^* = \operatorname{cotg}\beta \operatorname{cotg}\alpha, \qquad c^* = 86^0 19' 13''.$$

$$\cos b^* = \frac{\cos\beta}{\sin\alpha}, \qquad b^* = 79^0 21'\ 4''.$$

$$\cos a^* = \frac{\cos\alpha}{\sin\beta}, \qquad a^* = 69^0 40' 41''.$$

§ 13. Die Berechnung des schiefwinkligen sphärischen Dreiecks.

Mit den Formeln der §§ 7—11 läßt sich jedes sphärische Dreieck aus drei gegebenen Stücken berechnen.

1. Sind drei Seiten oder drei Winkel gegeben, so findet man die Winkel, bezw. die Seiten durch Anwendung des Seitenkosinussatzes, bezw. des Winkelkosinussatzes.

2. Sind zwei Seiten und der eingeschlossene Winkel oder zwei Winkel und die eingeschlossene Seite gegeben, so findet man die dritte Seite, bezw. den dritten Winkel durch den Seitenkosinussatz bezw. den Winkelkosinussatz.

3. Sind zwei Seiten und der Gegenwinkel der einen Seite, bezw. zwei Winkel und die Gegenseite des einen gegeben, so findet man den fehlenden Gegenwinkel, bezw. die fehlende Gegenseite durch Anwendung des Sinussatzes. — Da aber durch die Sinusfunktion ein Winkel doppeldeutig bestimmt ist ($\sin\alpha = \sin[180^0 - \alpha]$), so ist in jedem Falle zu prüfen, ob beide Winkelwerte eine Lösung der Aufgabe geben oder nicht. Zur Beurteilung der Frage dienen die Sätze: 1. In jedem sphärischen Dreieck liegt dem größeren Winkel die größere Seite gegenüber, und: 2. Im sphärischen Dreieck ist die Summe zweier Seiten gleichzeitig mit der Summe ihrer Gegenwinkel größer oder kleiner als $2R$. Ist z. B. $a + b \gtrless 2R$, so ist auch $\alpha + \beta \gtrless 2R$. Ein Beweis des zweiten Satzes ergibt sich aus der Formel, die im § 17 dieses Teils unter (1) angegeben ist.

Wenn zwei Seiten und ihre Gegenwinkel gefunden sind, findet man die dritte Seite und ihren Gegenwinkel entweder, indem man die Höhe zur dritten Seite zieht und die fehlenden Stücke der entstehenden rechtwinkligen sphärischen Dreiecke, soweit nötig, berechnet (A), oder aber durch Anwendung des Satzes der vier aufeinander folgenden Stücke (B).

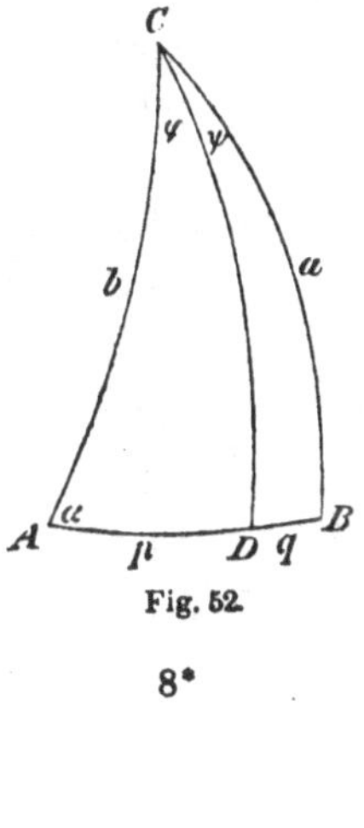

Fig. 52.

Beispiel: a, b, α, β sind bekannt, c und γ werden gesucht.

Lösung A: Nach den Neperschen Regeln ist (Fig. 52)

$$\cos\alpha = \operatorname{tg} p^* \operatorname{cotg} b\,, \qquad \operatorname{tg} p^* = \cos\alpha \operatorname{tg} b\,,$$
$$\cos b = \operatorname{cotg}\alpha \operatorname{cotg}\varphi^*, \qquad \operatorname{cotg}\varphi^* = \cos b \operatorname{tg}\alpha\,,$$
$$\cos\beta = \operatorname{tg} q^* \operatorname{cotg} a\,, \qquad \operatorname{tg} q^* = \cos\beta \operatorname{tg} a\,,$$
$$\cos a = \operatorname{cotg}\beta \operatorname{cotg}\psi^*, \qquad \operatorname{cotg}\psi^* = \cos a \operatorname{tg}\beta\,,$$
$$p + q = c^*, \quad \varphi + \psi = \gamma^*.$$

Probe:
$$\frac{\sin c}{\sin\gamma} = \frac{\sin a}{\sin\alpha}\,.$$

Zahlenbeispiel: Gegeben ist $\alpha = 131^0$, $b = 142^0$, $a = 96^0$. Gesucht werden β, γ, c.

$$\sin\beta^* = \frac{\sin b \sin\alpha}{\sin a}$$

$$\begin{aligned}
\log\sin 142^0 &= 9{,}78934 - 10 \\
\log\sin 131^0 &= \underline{9{,}87778 - 10} \\
& 9{,}66712 - 10 \\
\log\sin 96^0 &= \underline{9{,}99761 - 10} \\
& 9{,}66951 - 10\,, \quad \beta_1^* = 27^0 51' 13'', \\
&\phantom{= 9{,}66951 - 10\,, \quad} \beta_2^* = 152^0\ 8' 47''.
\end{aligned}$$

Aus Absatz 3 (Satz 1) folgt, daß hier nur $\beta = 152^0\,8'\,47''$ eine Lösung der Aufgabe ergibt.

$$\operatorname{tg} p^* = \cos\alpha \operatorname{tg} b\,, \quad \operatorname{tg} q^* = \cos\beta \operatorname{tg} a\,.$$

$$\begin{aligned}
\log\cos 131^0 &= 9{,}81694 - 10 \text{ (N. neg.!)} \\
\log\operatorname{tg} 142^0 &= \underline{9{,}89281 - 10 \text{ (N. neg.!)}} \\
& 9{,}70975 - 10\,, \quad p^* = 27^0\ 8' 17''. \\
\log\cos 152^0 8' 47'' &= 9{,}94652 - 10 \text{ (N. neg.!)} \\
\log\operatorname{tg} 96^0 &= \underline{10{,}97838 - 10 \text{ (N. neg.!)}} \\
& 10{,}92490 - 10\,, \quad q^* = 83^0 13' 15''.
\end{aligned}$$

$$c^* = p + q = 110^0 21' 32''.$$

Aus dem Gange der Rechnung folgt, daß man als Höhe h_c in diesem Falle den **größeren** Bogen des Halbkreises anzusehen hat, der durch C geht und auf dem größten Kreise durch A und B senkrecht steht.

$\operatorname{cotg}\varphi^* = \operatorname{tg}\alpha\cos b\,,\quad \operatorname{cotg}\psi^* = \operatorname{tg}\beta\cos a\,.$

$$\begin{array}{rl} \log\cos 142^0 = & 9{,}89653 - 10 \text{ (N. neg.!)} \\ \log\operatorname{tg} 131^0 = & \underline{10{,}06084 - 10 \text{ (N. neg.!)}} \\ & 9{,}95737 - 10\,, \qquad \varphi^* = 47^0\,48'\,27''. \\ \log\cos 96^0 = & 9{,}01923 - 10 \text{ (N. neg.!)} \\ \log\operatorname{tg} 152^0\,8'\,47'' = & \underline{9{,}72300 - 10 \text{ (N. neg.!)}} \\ & 8{,}74223 - 10\,, \qquad \psi^* = 86^0\,50'\,18''. \end{array}$$

$\gamma^* = \varphi + \psi = 134^0\,38'\,45''.$

In betreff der Lage von φ und ψ ist die oben über h_c gemachte Bemerkung zu beachten.

Probe:

$$\frac{\sin\gamma}{\sin c} = \frac{\sin\alpha}{\sin a}\,.$$

$$\begin{array}{rl} \log\sin 134^0\,38'\,45'' = & 9{,}85215 - 10 \\ \log\sin 110^0\,21'\,32'' = & \underline{9{,}97198 - 10} \\ & 9{,}88017 - 10\,, \\ \log\sin 131^0 = & 9{,}87778 - 10 \\ \log\sin 96^0 = & \underline{9{,}99761 - 10} \\ & 9{,}88017 - 10\,. \end{array}$$

Lösung B:

Nach dem Satz der vier aufeinander folgenden Stücke (II, § 9) ist

$$\cos\gamma^*\cos b = \operatorname{cotg} a \sin b - \sin\gamma^* \operatorname{cotg}\alpha\,,$$

$$\cos\gamma^*\cos b + \sin\gamma^*\operatorname{cotg}\alpha = \operatorname{cotg} a\sin b\,,$$

$$\cos\gamma^* + \sin\gamma^*\cdot\frac{\operatorname{cotg}\alpha}{\cos b} = \operatorname{cotg} a\operatorname{tg} b\,.$$

Definiert man jetzt einen Winkel φ durch die Gleichung

$$\operatorname{tg}\varphi^* = \frac{\operatorname{cotg}\alpha}{\cos b} \quad \text{(geometrische Bedeutung von } \varphi!\text{)},$$

so folgt

$$\cos\gamma^* + \sin\gamma^*\operatorname{tg}\varphi = \operatorname{cotg} a\operatorname{tg} b\,,$$

$$\cos\gamma^*\cos\varphi + \sin\gamma^*\sin\varphi = \operatorname{cotg} a\operatorname{tg} b\cos\varphi\,,$$

$$\cos(\gamma - \varphi)^* = \operatorname{cotg} a\operatorname{tg} b\cos\varphi\,.$$

Daraus ergibt sich

$$\gamma^* = (\gamma - \varphi) + \varphi$$

und schließlich

$$\sin c^* = \frac{\sin \gamma \sin a}{\sin \alpha}.$$

Zahlenbeispiel: (vgl. A)

$$\operatorname{tg}\varphi^* = \frac{\operatorname{cotg}\alpha}{\cos b}.$$

$$\begin{aligned} \log \operatorname{cotg} 131^0 &= 9{,}93916 - 10 \text{ (N. neg.!)} \\ \log \cos 142^0 &= 9{,}89653 - 10 \text{ (N. neg.!)} \\ \hline & 10{,}04263 - 10, \qquad \varphi^* = 47^0 48' 26''. \end{aligned}$$

$$\cos(\gamma - \varphi)^* = \operatorname{cotg} a \operatorname{tg} b \cos\varphi.$$

$$\begin{aligned} \log \operatorname{cotg} 96^0 &= 9{,}02162 - 10 \text{ (N. neg.!)} \\ \log \operatorname{tg} 142^0 &= 9{,}89281 - 10 \text{ (N. neg.!)} \\ \log \cos 47^0 48' 26'' &= 9{,}82713 - 10 \\ \hline & 8{,}74156 - 10, \quad (\gamma - \varphi)^* = 86^0 50' 18'', \end{aligned}$$

$$\gamma^* = (\gamma - \varphi) + \varphi = 134^0 38' 44''.$$

$$\sin c^* = \frac{\sin \gamma \cdot \sin a}{\sin \alpha}.$$

$$\begin{aligned} \log \sin 134^0 38' 44'' &= 9{,}85215 - 10 \\ \log \sin 96^0 &= 9{,}99761 - 10 \\ \hline & 9{,}84976 - 10 \\ \log \sin 131^0 &= 9{,}87778 - 10 \\ \hline & 9{,}97198 - 10, \quad c_1^* = 69^0 38' 25'', \\ & \qquad\qquad\qquad c_2^* = 110^0 21' 35''. \end{aligned}$$

Hier gibt nur der Wert $c = 110^0 21' 35''$ eine Lösung der Aufgabe.

In zahlreichen Fällen vereinfacht sich die Berechnung der sphärischen Dreiecke durch die Benutzung der in den folgenden Paragraphen abgeleiteten Formeln, welche in ihrer Gesamtheit für die Berechnung sphärischer Dreiecke mit dem Tangenssatze und dem Halbwinkelsatze der ebenen Trigonometrie gleichwertig sind.

III. Abschnitt.

Weitere Formeln für die Berechnung sphärischer Dreiecke.

§ 14. Der Halbwinkelsatz oder die Tangensformel und der Eckensinus.

Aus

$$\cos a = \cos b \cos c + \sin b \sin c \cos \alpha$$

folgt

$$\cos \alpha = \frac{\cos a - \cos b \cos c}{\sin b \sin c},$$

$$1 + \cos \alpha = \frac{\sin b \sin c - \cos b \cos c + \cos a}{\sin b \sin c},$$

$$1 - \cos \alpha = \frac{\sin b \sin c + \cos b \cos c - \cos a}{\sin b \sin c},$$

oder

$$2 \cos^2 \frac{\alpha}{2} = \frac{-\cos(b + c) + \cos a}{\sin b \sin c}$$

$$= \frac{+ 2 \sin \frac{b + c + a}{2} \sin \frac{b + c - a}{2}}{\sin b \sin c},$$

$$2 \sin^2 \frac{\alpha}{2} = \frac{\cos(b - c) - \cos a}{\sin b \sin c}$$

$$= \frac{+ 2 \sin \frac{a + b - c}{2} \sin \frac{a - b + c}{2}}{\sin b \sin c}.$$

Setzt man
$$a+b+c=2s,$$
so folgt

$$(1)\quad \sin\frac{\alpha}{2}=\sqrt{\frac{\sin(s-b)\sin(s-c)}{\sin b\sin c}},\quad \cos\frac{\alpha}{2}=\sqrt{\frac{\sin s\sin(s-a)}{\sin b\sin c}},$$

und durch zyklische Vertauschung der Stücke des Dreiecks

$$(2)\quad \sin\frac{\beta}{2}=\sqrt{\frac{\sin(s-c)\sin(s-a)}{\sin c\sin a}},\quad \cos\frac{\beta}{2}=\sqrt{\frac{\sin s\sin(s-b)}{\sin c\sin a}},$$

$$(3)\quad \sin\frac{\gamma}{2}=\sqrt{\frac{\sin(s-a)\sin(s-b)}{\sin a\sin b}},\quad \cos\frac{\gamma}{2}=\sqrt{\frac{\sin s\sin(s-c)}{\sin a\sin b}}.$$

Dividiert man die Seiten dieser Gleichungen paarweise durcheinander, so erhält man die Tangensformel des sphärischen Dreiecks (vgl. I, § 37 und § 50)

$$(\mathrm{A})\quad \begin{cases} \operatorname{tg}\dfrac{\alpha}{2}=\sqrt{\dfrac{\sin(s-b)\cdot\sin(s-c)}{\sin s\cdot\sin(s-a)}}=\dfrac{k}{\sin(s-a)}, \\ \operatorname{tg}\dfrac{\beta}{2}=\sqrt{\dfrac{\sin(s-c)\cdot\sin(s-a)}{\sin s\cdot\sin(s-b)}}=\dfrac{k}{\sin(s-b)}, \\ \operatorname{tg}\dfrac{\gamma}{2}=\sqrt{\dfrac{\sin(s-a)\cdot\sin(s-b)}{\sin s\cdot\sin(s-c)}}=\dfrac{k}{\sin(s-c)}, \end{cases}$$

wo
$$k=\sqrt{\frac{\sin(s-a)\cdot\sin(s-b)\cdot\sin(s-c)}{\sin s}}\ \text{ist.}$$

An späterer Stelle wird gezeigt, daß $k=\operatorname{tg}\varrho$ ist, wo ϱ den sphärischen Radius des einbeschriebenen Kreises im betrachteten Dreieck bezeichnet.

Multipliziert man die Seiten der Gleichungen (1) bis (3) paarweise miteinander und beachtet, daß $2\sin\frac{\alpha}{2}\cos\frac{\alpha}{2}=\sin\alpha$ ist, so erhält man die Gleichungen

$$(\mathrm{B})\quad \begin{cases} \sin\alpha=\dfrac{2S}{\sin b\sin c}, \\ \sin\beta=\dfrac{2S}{\sin c\sin a}, \\ \sin\gamma=\dfrac{2S}{\sin a\sin b}, \end{cases}$$

wo

$$S = \sqrt{\sin s \sin(s-a) \sin(s-b) \sin(s-c)}$$

ist.

Der Ausdruck S wird als der Ecken-Sinus des sphärischen Dreiecks bezeichnet.

§ 15. Die Kotangensformel und der Polareckensinus.

Aus $\cos\alpha = -\cos\beta\cos\gamma + \sin\beta\sin\gamma\cos a$ folgt

$$\cos a = \frac{\cos\beta\cos\gamma + \cos\alpha}{\sin\beta\sin\gamma},$$

$$1 + \cos a = \frac{\sin\beta\sin\gamma + \cos\beta\cos\gamma + \cos\alpha}{\sin\beta\sin\gamma},$$

$$1 - \cos a = \frac{\sin\beta\sin\gamma - \cos\beta\cos\gamma - \cos\alpha}{\sin\beta\sin\gamma},$$

oder

$$2\cos^2\frac{a}{2} = \frac{\cos(\beta-\gamma) + \cos\alpha}{\sin\beta\sin\gamma}$$

$$= \frac{2\cos\frac{\alpha+\beta-\gamma}{2}\cos\frac{\alpha-\beta+\gamma}{2}}{\sin\beta\sin\gamma},$$

$$2\sin^2\frac{a}{2} = \frac{-\cos(\beta+\gamma) - \cos\alpha}{\sin\beta\sin\gamma}$$

$$= \frac{-2\cos\frac{\alpha+\beta+\gamma}{2}\cos\frac{\beta+\gamma-\alpha}{2}}{\sin\beta\sin\gamma}.$$

Setzt man $\alpha + \beta + \gamma = 2\sigma$, so folgt

$$(1) \qquad \cos\frac{a}{2} = \sqrt{\frac{\cos(\sigma-\beta)\cos(\sigma-\gamma)}{\sin\beta\sin\gamma}},$$

$$\sin\frac{a}{2} = \sqrt{\frac{-\cos\sigma\cos(\sigma-\alpha)}{\sin\beta\sin\gamma}},$$

und durch zyklische Vertauschung der Stücke des Dreiecks

$$(2) \qquad \cos\frac{b}{2} = \sqrt{\frac{\cos(\sigma-\gamma)\cos(\sigma-\alpha)}{\sin\gamma\sin\alpha}},$$

$$\sin\frac{b}{2} = \sqrt{\frac{-\cos\sigma\cos(\sigma-\beta)}{\sin\gamma\sin\alpha}},$$

$$\text{(3)} \qquad \cos\frac{c}{2} = \sqrt{\frac{\cos(\sigma-\alpha)\cos(\sigma-\beta)}{\sin\alpha\sin\beta}},$$

$$\sin\frac{c}{2} = \sqrt{\frac{-\cos\sigma\cos(\sigma-\gamma)}{\sin\alpha\sin\beta}}.$$

Dividiert man die Seiten dieser Gleichungen paarweise durcheinander, so erhält man die Kotangensformel des sphärischen Dreiecks:

$$\text{(A)} \quad \begin{cases} \operatorname{cotg}\dfrac{a}{2} = \sqrt{\dfrac{-\cos(\sigma-\beta)\cos(\sigma-\gamma)}{\cos\sigma\cos(\sigma-\alpha)}} = \dfrac{k'}{\cos(\sigma-\alpha)}, \\ \operatorname{cotg}\dfrac{b}{2} = \sqrt{\dfrac{-\cos(\sigma-\gamma)\cos(\sigma-\alpha)}{\cos\sigma\cos(\sigma-\beta)}} = \dfrac{k'}{\cos(\sigma-\beta)}, \\ \operatorname{cotg}\dfrac{c}{2} = \sqrt{\dfrac{-\cos(\sigma-\alpha)\cos(\sigma-\beta)}{\cos\sigma\cos(\sigma-\gamma)}} = \dfrac{k'}{\cos(\sigma-\gamma)}, \end{cases}$$

wo

$$k' = \sqrt{\frac{\cos(\sigma-\alpha)\cos(\sigma-\beta)\cos(\sigma-\gamma)}{-\cos\sigma}}$$

ist.

An späterer Stelle wird gezeigt, daß $k' = \operatorname{cotg} r$ ist, wo r den sphärischen Radius des umschriebenen Kreises für das betrachtete Dreieck bezeichnet.

Multipliziert man die Seiten der Gleichungen (1) bis (3) paarweise miteinander und berücksichtigt, daß $2\sin\frac{a}{2}\cos\frac{a}{2} = \sin a$ ist, so erhält man die Gleichungen

$$\text{(B)} \quad \begin{cases} \sin a = \dfrac{2\Sigma}{\sin\beta\sin\gamma}, \\ \sin b = \dfrac{2\Sigma}{\sin\gamma\sin\alpha}, \\ \sin c = \dfrac{2\Sigma}{\sin\alpha\sin\beta}, \end{cases}$$

wo

$$\Sigma = \sqrt{-\cos\sigma\cos(\sigma-\alpha)\cos(\sigma-\beta)\cos(\sigma-\gamma)}$$

ist.

Man kann die Formeln dieser Paragraphen auch aus denen des vorigen durch Übergang zum Polardreieck ableiten.

Der Ausdruck Σ wird als der Polareckensinus des sphärischen Dreiecks bezeichnet. Sind nämlich $a, b, c, \alpha, \beta, \gamma$ die Stücke eines sphärischen Dreiecks, und $a', b', c', \alpha', \beta', \gamma'$ die seines Polardreiecks, so ist

$$S' = \sqrt{\sin s' \sin(s'-a') \sin(s'-b') \sin(s'-c')}$$
$$= \sqrt{-\cos\sigma \cos(\sigma-\alpha) \cos(\sigma-\beta) \cos(\sigma-\gamma)} = \Sigma .$$

D. h. Σ ist der Eckensinus des Polardreiecks zu dem ursprünglichen Dreieck und wird daher als Polareckensinus desselben bezeichnet.

---

§ 16. Die Delambreschen Gleichungen.

Aus

$$\sin\left(\frac{\alpha}{2}+\frac{\beta}{2}\right) = \sin\frac{\alpha}{2}\cos\frac{\beta}{2} + \cos\frac{\alpha}{2}\sin\frac{\beta}{2}$$

folgt, wenn man für die einzelnen Funktionen die § 14, (1) bis (3) abgeleiteten Werte einsetzt,

$$\sin\frac{\alpha+\beta}{2} = \frac{\sin(s-b)}{\sin c}\sqrt{\frac{\sin(s-c)\sin s}{\sin a \sin b}}$$
$$+ \frac{\sin(s-a)}{\sin c}\sqrt{\frac{\sin(s-c)\sin s}{\sin a \sin b}}$$
$$= \frac{\cos\frac{a-b}{2}}{\cos\frac{c}{2}} \cdot \sqrt{\frac{\sin(s-c)\sin s}{\sin a \sin b}}$$

oder, mit wiederholter Berücksichtigung von § 14, (3),

$$\sin\frac{\alpha+\beta}{2}\cos\frac{c}{2} = \cos\frac{a-b}{2}\cos\frac{\gamma}{2} .$$

Durch analoge Betrachtungen für $\sin\left(\frac{\alpha}{2}-\frac{\beta}{2}\right)$ und $\cos\left(\frac{\alpha}{2}\pm\frac{\beta}{2}\right)$ erhält man drei weitere Gleichungen ähnlicher Art. Die vier Gleichungen werden als die Delambreschen Gleichungen, auch wohl mit weniger Recht als Gaußsche Gleichungen bezeichnet und lauten

$$(1)\qquad \sin\frac{\alpha+\beta}{2}\cos\frac{c}{2}=\cos\frac{a-b}{2}\cos\frac{\gamma}{2},$$

$$(2)\qquad \sin\frac{\alpha-\beta}{2}\sin\frac{c}{2}=\sin\frac{a-b}{2}\cos\frac{\gamma}{2},$$

$$(3)\qquad \cos\frac{\alpha+\beta}{2}\cos\frac{c}{2}=\cos\frac{a+b}{2}\sin\frac{\gamma}{2},$$

$$(4)\qquad \cos\frac{\alpha-\beta}{2}\sin\frac{c}{2}=\sin\frac{a+b}{2}\sin\frac{\gamma}{2}.$$

Aus ihnen entstehen durch zyklische Vertauschung der Stücke des Dreiecks weitere acht gleichwertige Formeln. Die Delambreschen Gleichungen entsprechen den Mollweideschen Gleichungen der ebenen Trigonometrie (vgl. I, § 49).

---

§ 17. Die Neperschen Analogien. (Die Tangenssätze.)

Dividiert man die Seiten der Delambreschen Gleichungen paarweise durcheinander, so erhält man die Neperschen Analogien (= Proportionen).

$$(1)\qquad \operatorname{tg}\frac{a+b}{2}=\frac{\cos\frac{\alpha-\beta}{2}}{\cos\frac{\alpha+\beta}{2}}\cdot\operatorname{tg}\frac{c}{2},$$

$$(2)\qquad \operatorname{tg}\frac{a-b}{2}=\frac{\sin\frac{\alpha-\beta}{2}}{\sin\frac{\alpha+\beta}{2}}\cdot\operatorname{tg}\frac{c}{2},$$

$$(3)\qquad \operatorname{tg}\frac{\alpha+\beta}{2}=\frac{\cos\frac{a-b}{2}}{\cos\frac{a+b}{2}}\cdot\operatorname{cotg}\frac{\gamma}{2},$$

$$(4)\qquad \operatorname{tg}\frac{\alpha-\beta}{2}=\frac{\sin\frac{a-b}{2}}{\sin\frac{a+b}{2}}\cdot\operatorname{cotg}\frac{\gamma}{2}.$$

Aus ihnen entstehen durch zyklische Vertauschung der Stücke des Dreiecks weitere acht gleichwertige Formeln.

Die Formeln (3) und (4) sind die Polarformeln der Formeln (1) und (2).

Die Neperschen Analogien haben für die Berechnung des sphärischen Dreiecks dieselbe Bedeutung wie der Tangenssatz für die Berechnung des ebenen Dreiecks. Die Gleichwertigkeit des Tangenssatzes und dieser Gruppe von Formeln tritt deutlicher hervor in einer andern Ableitung derselben im folgenden Paragraphen.

---

§ 18. Andere Ableitung der Neperschen Analogien.
(Vgl. I, § 49.)

Aus dem Sinussatze der sphärischen Trigonometrie

$$\sin a : \sin b = \sin\alpha : \sin\beta$$

folgt durch korrespondierende Addition und Subtraktion

$$\frac{\sin a + \sin b}{\sin a - \sin b} = \frac{\sin\alpha + \sin\beta}{\sin\alpha - \sin\beta},$$

oder mit Benutzung der Formeln von I, § 45

$$\text{(I)} \qquad \frac{\operatorname{tg}\frac{a+b}{2}}{\operatorname{tg}\frac{a-b}{2}} = \frac{\operatorname{tg}\frac{\alpha+\beta}{2}}{\operatorname{tg}\frac{\alpha-\beta}{2}}.$$

Diese Formel hat für die Berechnung des sphärischen Dreiecks nicht die gleiche Bedeutung wie der entsprechende Tangenssatz der ebenen Trigonometrie, weil der Wert von $(\alpha+\beta)$ im sphärischen Dreieck nicht durch den von γ mitbestimmt ist.

Es ist aber möglich, außerdem eine Formel für $\operatorname{tg}\frac{a+b}{2}\cdot\operatorname{tg}\frac{a-b}{2}$ aufzustellen und aus beiden Formeln Gleichungen für $\operatorname{tg}\frac{a+b}{2}$ und $\operatorname{tg}\frac{a-b}{2}$ zu finden, nämlich die oben abgeleiteten Neperschen Analogien, die zusammengenommen die Berechnung des sphärischen Dreiecks aus zwei Seiten und dem eingeschlossenen Winkel gestatten:

Aus dem Kosinussatze

$$\cos a = \cos b \cos c + \sin b \sin c \cos\alpha\,,$$
$$\cos b = \cos c \cos a + \sin c \sin a \cos\beta$$

folgt

$$\cos a - \cos b = \cos c(\cos b - \cos a) + \sin c(\sin b \cos\alpha - \sin a \cos\beta)\,,$$
$$\cos a + \cos b = \cos c(\cos b + \cos a) + \sin c(\sin b \cos\alpha + \sin a \cos\beta)\,,$$

oder

$$(\cos a - \cos b)(1 + \cos c) = \sin c(\sin b \cos\alpha - \sin a \cos\beta)\,,$$
$$(\cos a + \cos b)(1 - \cos c) = \sin c(\sin b \cos\alpha + \sin a \cos\beta)\,.$$

Dividiert man die Gleichungen seitenweise durcheinander, so folgt

$$\frac{\cos a - \cos b}{\cos a + \cos b}\operatorname{ctg}^2\frac{c}{2} = \frac{\sin b \cos\alpha - \sin a \cos\beta}{\sin b \cos\alpha + \sin a \cos\beta}\,.$$

Wendet man auf der linken Seite die Formeln von I, § 45 an, erweitert man den Bruch rechts mit $\frac{\sin\beta}{\sin b}$, und beachtet man, daß $\frac{\sin a}{\sin b} = \frac{\sin\alpha}{\sin\beta}$ ist, so folgt

$$\frac{-2\sin\frac{a+b}{2}\sin\frac{a-b}{2}}{2\cos\frac{a+b}{2}\cos\frac{a-b}{2}}\operatorname{ctg}^2\frac{c}{2} = \frac{-\sin(\alpha-\beta)}{\sin(\alpha+\beta)}$$

oder

$$\text{(II)}\qquad \operatorname{tg}\frac{a+b}{2}\cdot\operatorname{tg}\frac{a-b}{2} = \operatorname{tg}^2\frac{c}{2}\cdot\frac{\sin(\alpha-\beta)}{\sin(\alpha+\beta)}\,.$$

Multipliziert und dividiert man die Gleichungen (I) und (II) seitenweise, so erhält man

$$\text{(1)}\qquad \operatorname{tg}\frac{a+b}{2} = \frac{\cos\frac{\alpha-\beta}{2}}{\cos\frac{\alpha+\beta}{2}}\cdot\operatorname{tg}\frac{c}{2}\,,$$

$$\text{(2)}\qquad \operatorname{tg}\frac{a-b}{2} = \frac{\sin\frac{\alpha-\beta}{2}}{\sin\frac{\alpha+\beta}{2}}\cdot\operatorname{tg}\frac{c}{2}\,.$$

Ersetzt man in diesen Gleichungen alle Stücke durch die gleichwertigen Größen des Polardreiecks, so erhält man die beiden noch fehlenden Neperschen Analogien (3) und (4).

---

§ 19. Berechnung des schiefwinkligen Dreiecks.

Die Vorbemerkungen des § 12 sind auch hier zu beachten. Die möglichen Fälle sind im § 5 aufgezählt.

1a). Gegeben sind $a = 99^0$, $b = 127^0 45'$, $c = 70^0 13'$. Gesucht werden α, β, γ.

Lösung:

$$\left.\begin{aligned} \operatorname{tg}\frac{\alpha^*}{2} &= \frac{k}{\sin(s-a)}, \\ \operatorname{tg}\frac{\beta^*}{2} &= \frac{k}{\sin(s-b)}, \\ \operatorname{tg}\frac{\gamma^*}{2} &= \frac{k}{\sin(s-c)}, \end{aligned}\right\} \text{(Halbwinkelsatz, § 14),}$$

$$\text{wo } k = \sqrt{\frac{\sin(s-a)\sin(s-b)\sin(s-c)}{\sin s}} \text{ ist.}$$

$$\begin{aligned} s &= 148^0 29', & \log\sin s &= 9{,}71829 - 10, \\ s-a &= 49^0 29', & \log\sin(s-a) &= 9{,}88094 - 10, \\ s-b &= 20^0 44', & \log\sin(s-b) &= 9{,}54903 - 10, \\ s-c &= 78^0 16', & \log\sin(s-c) &= 9{,}99083 - 10, \\ & & \log k &= 9{,}85125_5 - 10. \end{aligned}$$

$$\begin{aligned} \log\operatorname{tg}\frac{\alpha}{2} &= 9{,}97031_5 - 10, & \frac{\alpha^*}{2} &= 43^0\ 2'\,37'', \\ \log\operatorname{tg}\frac{\beta}{2} &= 10{,}30225_5 - 10, & \frac{\beta^*}{2} &= 63^0\,29'\,52'', \\ \log\operatorname{tg}\frac{\gamma}{2} &= 9{,}86042_5 - 10, & \frac{\gamma^*}{2} &= 35^0\,56'\,51''. \end{aligned}$$

$$\alpha^* = 86^0\ 5'14'',$$
$$\beta^* = 126^0 59'44'',$$
$$\gamma^* = 71^0 53'42''.$$

Die Lösung ist eindeutig.

2a). Gegeben sind $a = 132^0 50'$, $b = 112^0 42'$, $\gamma = 14^0 30'$. Gesucht werden c, α, β.

Lösung:

$$\left.\begin{aligned} \operatorname{tg}\left(\frac{\alpha+\beta}{2}\right)^* &= \operatorname{cotg}\frac{\gamma}{2}\cdot\frac{\cos\frac{a-b}{2}}{\cos\frac{a+b}{2}}, \\ \operatorname{tg}\left(\frac{\alpha-\beta}{2}\right)^* &= \operatorname{cotg}\frac{\gamma}{2}\cdot\frac{\sin\frac{a-b}{2}}{\sin\frac{a+b}{2}}, \end{aligned}\right\}\text{(Tangenssätze, § 17),}$$

$$\frac{\alpha+\beta}{2}+\frac{\alpha-\beta}{2}=\alpha^*,$$

$$\frac{\alpha+\beta}{2}-\frac{\alpha-\beta}{2}=\beta^*.$$

$$\left.\begin{aligned} \operatorname{tg}\left(\frac{c}{2}\right)^* &= \operatorname{tg}\frac{a+b}{2}\cdot\frac{\cos\frac{\alpha+\beta}{2}}{\cos\frac{\alpha-\beta}{2}}, \\ &\text{oder} \\ \operatorname{tg}\left(\frac{c}{2}\right)^* &= \operatorname{tg}\frac{a-b}{2}\cdot\frac{\sin\frac{\alpha+\beta}{2}}{\sin\frac{\alpha-\beta}{2}}, \end{aligned}\right\}\text{(Tangenssätze, § 17),}$$

$$\frac{a+b}{2} = 122^0 46',$$

$$\frac{a-b}{2} = 10^0\ 4',$$

$$\frac{\gamma}{2} = 7^0 15'.$$

$$\log \operatorname{cotg} \frac{\gamma}{2} = 10{,}89546 - 10$$

$$\log \cos \frac{a-b}{2} = \underline{9{,}99326 - 10}$$

$$10{,}88872 - 10$$

$$\log \cos \frac{a+b}{2} = \underline{9{,}73337 - 10} \text{ (N. neg.!)}$$

$$11{,}15535 - 10, \quad \left(\frac{\alpha+\beta}{2}\right)^* = 94^0.$$

$$\log \operatorname{cotg} \frac{\gamma}{2} = 10{,}89546 - 10$$

$$\log \sin \frac{a-b}{2} = \underline{9{,}24253 - 10}$$

$$10{,}13799 - 10$$

$$\log \sin \frac{a+b}{2} = \underline{9{,}92473 - 10}$$

$$10{,}21326 - 10, \quad \left(\frac{\alpha-\beta}{2}\right)^* = 58^0 32' \; 2''.$$

$\alpha^* = 152^0 32' \; 2''$,

$\beta^* = \;\; 35^0 27' 58''$.

$$\log \operatorname{tg} \frac{a-b}{2} = 9{,}24926 - 10$$

$$\log \sin \frac{\alpha+\beta}{2} = \underline{9{,}99894 - 10}$$

$$9{,}24820 - 10$$

$$\log \sin \frac{\alpha-\beta}{2} = \underline{9{,}93092 - 10}$$

$$9{,}31728 - 10, \quad \left(\frac{c}{2}\right)^* = 11^0 43' 46''.$$

$c^* = 23^0 27' 33''$.

Die Lösung ist eindeutig.

3a). Gegeben sind $a = 103^0 10'$, $b = 120^0 12'$, $\beta = 131^0 40'$. Gesucht werden c, α, γ.

Lösung:

$$\sin \alpha^* = \frac{\sin a \sin \beta}{\sin b}. \quad (\alpha \text{ ist doppeldeutig!})$$

$$\left.\begin{aligned} &\operatorname{tg}\left(\frac{c}{2}\right)^{*} = \operatorname{tg}\frac{b+a}{2}\cdot\frac{\cos\frac{\beta+\alpha}{2}}{\cos\frac{\beta-\alpha}{2}},\\ &\text{oder}\\ &\operatorname{tg}\left(\frac{c}{2}\right)^{*} = \operatorname{tg}\frac{b-a}{2}\cdot\frac{\sin\frac{\beta+\alpha}{2}}{\sin\frac{\beta-\alpha}{2}}, \end{aligned}\right\}\text{(Tangenssätze, § 17),}$$

$$\left.\begin{aligned} &\operatorname{cotg}\left(\frac{\gamma}{2}\right)^{*} = \operatorname{tg}\frac{\beta+\alpha}{2}\cdot\frac{\cos\frac{b+a}{2}}{\cos\frac{b-a}{2}},\\ &\text{oder}\\ &\operatorname{cotg}\left(\frac{\gamma}{2}\right)^{*} = \operatorname{tg}\frac{\beta-\alpha}{2}\cdot\frac{\sin\frac{b+a}{2}}{\sin\frac{b-a}{2}}, \end{aligned}\right\}\text{(Tangenssätze, § 17).}$$

Man kann γ auch durch eine der Delambreschen Gleichungen oder durch den Sinussatz berechnen.

$$\begin{aligned} \log\sin\alpha &= 9{,}98843 - 10\\ \log\sin\beta &= \underline{9{,}87334 - 10}\\ &\ 9{,}86177 - 10\\ \log\sin b &= \underline{9{,}93665 - 10}\\ &\ 9{,}92512 - 10 \end{aligned}$$

$\alpha_1^* = 57^0 18' 43''$,
$\alpha_2^* = 122^0 41' 17''$.

Ob einer der beiden Werte für α oder ob beide Werte eine mögliche Lösung der Aufgabe ergeben, ist auf Grund der § 13, Absatz 3 genannten Sätze zu beurteilen.

Aus ihnen ergibt sich, daß hier beide Werte von α eine mögliche Lösung der Aufgabe liefern. Die Lösung ist doppeldeutig.

$\frac{b+a}{2} = 111^0 41'$, $\frac{b-a}{2} = 8^0 31'$,

$\frac{\beta+\alpha_1}{2} = 94^0 29' 21''$, $\frac{\beta-\alpha_1}{2} = 37^0 10' 38''$,

$$\log \operatorname{tg} \frac{b+a}{2} = 10{,}40054 - 10 \text{ (N. neg.!)}$$

$$\log \cos \frac{\beta+\alpha_1}{2} = \underline{8{,}89359 - 10} \text{ (N. neg.!)}$$
$$9{,}29413 - 10$$

$$\log \cos \frac{\beta-\alpha_1}{2} = \underline{9{,}90133 - 10}$$
$$9{,}39280 - 10\,, \quad \frac{c_1^*}{2} = 13^0\,52'\,39''\,,$$
$$c_1^* = 27^0\,45'\,18''.$$

$$\log \operatorname{tg} \frac{\beta+\alpha_1}{2} = 11{,}10507 - 10 \text{ (N. neg.!)}$$

$$\log \cos \frac{b+a}{2} = \underline{9{,}56759 - 10} \text{ (N. neg.!)}$$
$$10{,}67266 - 10$$

$$\log \cos \frac{b-a}{2} = \underline{9{,}99518 - 10}$$
$$10{,}67748 - 10\,, \quad \frac{\gamma_1^*}{2} = 11^0\,52'\;\,3''\,,$$
$$\gamma_1^* = 23^0\,44'\;\,6''.$$

Die analoge Rechnung mit dem zweiten Werte von α ergibt

$$c_2^* = 113^0\,28'\,18''\,, \quad \gamma_2^* = 127^0\,32'\,56''.$$

1b). Gegeben sind $\alpha = 81^0$, $\beta = 52^0\,15'$, $\gamma = 109^0\,47'$. Gesucht werden a, b, c.

Erste Lösung:

In der Polarecke der gesuchten Ecke ist $a' = 99^0$, $b' = 127^0\,45'$, $c' = 70^0\,13'$. Demnach ist in der Polarecke (vgl. 1a)

$$\alpha' = \;\;86^0\;\;5'\,14''\,,$$
$$\beta' = 126^0\,59'\,44''\,,$$
$$\gamma' = \;\;71^0\,53'\,42''$$

und mithin in der gesuchten Ecke

$$a = \;\;93^0\,54'\,46''\,,$$
$$b = \;\;53^0\;\;0'\,16''\,,$$
$$c = 108^0\;\;6'\,18''.$$

Zweite Lösung:

$$\left.\begin{aligned}\operatorname{cotg}\left(\frac{a}{2}\right)^* &= \frac{k'}{\cos(\sigma-\alpha)},\\ \operatorname{cotg}\left(\frac{b}{2}\right)^* &= \frac{k'}{\cos(\sigma-\beta)},\\ \operatorname{cotg}\left(\frac{c}{2}\right)^* &= \frac{k'}{\cos(\sigma-\gamma)},\end{aligned}\right\}$$

$$\text{wo } k' = \sqrt{\frac{\cos(\sigma-\alpha)\cos(\sigma-\beta)\cos(\sigma-\gamma)}{-\cos\sigma}} \text{ ist.}$$

(Kotangensformel § 15.)

$$\begin{aligned}\sigma &= 121^0\,31', & \log\cos\sigma &= 9{,}71829 - 10 \text{ (N. neg.!)},\\ \sigma-\alpha &= 40^0\,31', & \log\cos(\sigma-\alpha) &= 9{,}88094 - 10\,,\\ \sigma-\beta &= 69^0\,16', & \log\cos(\sigma-\beta) &= 9{,}54903 - 10\,,\\ \sigma-\gamma &= 11^0\,44', & \log\cos(\sigma-\gamma) &= 9{,}99083 - 10\,.\\ & & \log k' &= 9{,}85126 - 10\,.\end{aligned}$$

$$\begin{aligned}\log\operatorname{cotg}\frac{a}{2} &= 9{,}97032 - 10\,, & \frac{a^*}{2} &= 46^0\,57'\,22'',\\ \log\operatorname{cotg}\frac{b}{2} &= 10{,}30223 - 10\,, & \frac{b^*}{2} &= 26^0\,30'\;\;6'',\\ \log\operatorname{cotg}\frac{c}{2} &= 9{,}86043 - 10\,, & \frac{c^*}{2} &= 54^0\;\;3'\;\;7''.\end{aligned}$$

$$\begin{aligned}a^* &= 93^0\,54'\,44'',\\ b^* &= 53^0\;\;0'\,12'',\\ c^* &= 108^0\;\;6'\,14''.\end{aligned}$$

Die Lösung ist eindeutig.

2b). Gegeben sind $\alpha = 47^0\,10'$, $\beta = 67^0\,18'$, $c = 165^0\,30'$. Gesucht werden γ, a, b.

Erste Lösung:

In der Polarecke der gesuchten Ecke ist $a' = 132^0\,50'$, $b' = 112^0\,42'$, $\gamma' = 14^0\,30'$.

Demnach ist in der Polarecke (vgl. 2a)

$$\alpha' = 152^0\,32'\;\;2'',$$
$$\beta' = 35^0\,27'\,58'',$$
$$c' = 23^0\,27'\,33''$$

und mithin in der gesuchten Ecke

$$a = 27^0\,27'\,58'',$$
$$b = 144^0\,32'\;\;2'',$$
$$\gamma = 156^0\,32'\,27''.$$

Zweite Lösung:

$$\left.\begin{aligned} \operatorname{tg}\left(\frac{b+a}{2}\right)^* &= \operatorname{tg}\frac{c}{2}\cdot\frac{\cos\frac{\beta-\alpha}{2}}{\cos\frac{\beta+\alpha}{2}}, \\ \operatorname{tg}\left(\frac{b-a}{2}\right)^* &= \operatorname{tg}\frac{c}{2}\cdot\frac{\sin\frac{\beta-\alpha}{2}}{\sin\frac{\beta+\alpha}{2}}, \end{aligned}\right\} \text{(Tangenssätze, § 17),}$$

$$\frac{b+a}{2}+\frac{b-a}{2}=b^*,$$

$$\frac{b+a}{2}-\frac{b-a}{2}=a^*.$$

$$\left.\begin{aligned} \operatorname{cotg}\frac{\gamma^*}{2} &= \operatorname{tg}\frac{\beta+\alpha}{2}\cdot\frac{\cos\frac{b+a}{2}}{\cos\frac{b-a}{2}}, \\ &\text{oder} \\ \operatorname{cotg}\frac{\gamma^*}{2} &= \operatorname{tg}\frac{\beta-\alpha}{2}\cdot\frac{\sin\frac{b+a}{2}}{\sin\frac{b-a}{2}}, \end{aligned}\right\} \text{(Tangenssätze, § 17),}$$

$$\frac{\beta+\alpha}{2} = 57^0\,14',$$

$$\frac{\beta-\alpha}{2} = 10^0\;\;4',$$

$$\frac{c}{2} = 82^0\,45'.$$

$$\log\operatorname{tg}\frac{c}{2} = 10{,}89546 - 10$$

$$\log\cos\frac{\beta-\alpha}{2} = \underline{9{,}99326 - 10}$$
$$10{,}88872 - 10$$

$$\log\cos\frac{\beta+\alpha}{2} = \underline{9{,}73337 - 10}$$
$$11{,}15535 - 10, \quad \left(\frac{b+a}{2}\right)^* = 86^0\ 0'.$$

$$\log\operatorname{tg}\frac{c}{2} = 10{,}89546 - 10$$

$$\log\sin\frac{\beta-\alpha}{2} = \underline{9{,}24253 - 10}$$
$$11{,}13799 - 10$$

$$\log\sin\frac{\beta+\alpha}{2} = \underline{9{,}92473 - 10}$$
$$10{,}21326 - 10, \quad \left(\frac{b-a}{2}\right)^* = 58^0\,32'\ 2''.$$

$b^* = 144^0\,32'\ 2''$,
$a^* = \ \ 27^0\,27'\,58''$.

$$\log\operatorname{tg}\frac{\beta-\alpha}{2} = 9{,}24926 - 10$$

$$\log\sin\frac{b+a}{2} = \underline{9{,}99894 - 10}$$
$$9{,}24820 - 10$$

$$\log\sin\frac{b-a}{2} = \underline{9{,}93092 - 10}$$
$$9{,}31728 - 10, \quad \left(\frac{\gamma}{2}\right)^* = 78^0\,16'\,14'',$$

$\gamma^* = 156^0\,32'\,28''$.

Die Lösung ist eindeutig.

3b). Gegeben sind $\alpha = 76^0\,50'$, $\beta = 59^0\,48'$, $b = 48^0\,20'$. Gesucht werden a, b, γ.

Erste Lösung:

In der Polarecke der gesuchten Ecke ist $a' = 103^0\,10'$. $b' = 120^0\,12'$, $\beta' = 131^0\,40'$.

Demnach ist in der Polarecke (vgl. 3a)

$$\alpha' = \begin{cases} 57^\circ 18' 43'', \\ 122^\circ 41' 17'', \end{cases}$$

$$c' = \begin{cases} 27^\circ 45' 18'', \\ 113^\circ 28' 18'', \end{cases}$$

$$\gamma' = \begin{cases} 23^\circ 44' \; 6'', \\ 127^\circ 32' 56'' \end{cases}$$

und mithin in der gesuchten Ecke

$$a = \begin{cases} 122^\circ 41' 17'', \\ 57^\circ 18' 43'', \end{cases}$$

$$\gamma = \begin{cases} 152^\circ 14' 42'', \\ 66^\circ 31' 42'', \end{cases}$$

$$c = \begin{cases} 156^\circ 15' 54'', \\ 52^\circ 27' \; 4''. \end{cases}$$

Zweite Lösung:

$$\sin a^* = \frac{\sin b \sin \alpha}{\sin \beta}.$$

Dann sind wie in 3a) die Größen a, b, α, β bestimmt, und es ist wie dort weiter zu rechnen. Auch gelten dieselben Bemerkungen über die Auswahl der Formeln und über die Doppeldeutigkeit der Lösungen wie in 3a).

Man erhält aus obiger Gleichung

$$a_1^* = 57^\circ 18' 43'', \quad a_2^* = 122^\circ 41' 17''.$$

Aus

$$\operatorname{tg}\left(\frac{c}{2}\right)^* = \operatorname{tg}\frac{a+b}{2} \cdot \frac{\cos\frac{\alpha+\beta}{2}}{\cos\frac{\alpha-\beta}{2}}$$

folgt $c_1^* = 52^\circ 27' 0''$, $c_2^* = 156^\circ 15' 54''$.

Aus

$$\operatorname{cotg}\left(\frac{\gamma}{2}\right)^* = \operatorname{tg}\frac{\alpha+\beta}{2} \cdot \frac{\cos\frac{a+b}{2}}{\cos\frac{a-b}{2}}$$

folgt $\gamma_1^* = 66^\circ 31' 41''$, $\gamma_2^* = 152^\circ 14' 40''$.

§ 20. Wichtige Stücke des sphärischen Dreiecks.

a) Die sphärischen Höhen.

Zieht man im sphärischen Dreieck durch C den größten Kreisbogen CD senkrecht zu AB, so stellt derselbe die Höhe h_c des Dreiecks dar (vgl. Fig. 52).

Aus den Neperschen Regeln für das rechtwinklige Dreieck folgt

$$\sin h_c = \sin b \sin\alpha = \sin a \sin\beta$$

und analog

$$\sin h_b = \sin a \sin\gamma = \sin c \sin\alpha ,$$
$$\sin h_a = \sin c \sin\beta = \sin b \sin\gamma .$$

b) Der Radius des umschriebenen Kreises zum sphärischen Dreieck.

Errichtet man in den Mitten D, E, F der drei Seiten des sphärischen Dreiecks ABC senkrecht auf denselben die drei größten Kreisbögen, so schneiden sich dieselben in einem Punkte M, dem Mittelpunkte des umschriebenen Kreises des Dreiecks. Jeder der größten Kreisbögen MA, MB, MC stellt den sphärischen Radius r des umschriebenen Kreises dar. Da (Fig. 53)

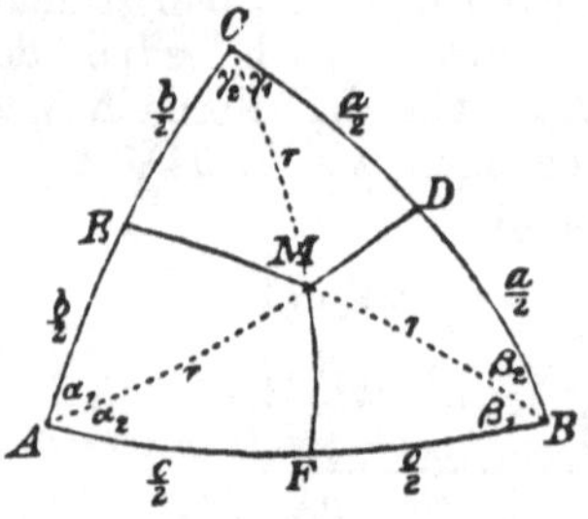

Fig. 53.

$$\angle\alpha_2 = \angle\beta_1 ,$$
$$\angle\beta_2 = \angle\gamma_1 , \quad \angle\gamma_2 = \angle\alpha_1$$

ist, so folgt, wenn man wieder $\alpha + \beta + \gamma = 2\sigma$ setzt,

$$\alpha_1 + \beta_1 + \gamma_1 = \sigma ,$$
$$\alpha_1 = \sigma - (\gamma_1 + \beta_1) = \sigma - \beta ,$$
$$\beta_1 = \sigma - (\alpha_1 + \gamma_1) = \sigma - \gamma ,$$
$$\gamma_1 = \sigma - (\alpha_1 + \beta_1) = \sigma - \alpha .$$

Dann ist, nach den Neperschen Regeln für das rechtwinklige Dreieck, im Dreieck MCD

$$\cos(\sigma - \alpha) = \operatorname{tg}\frac{a}{2}\operatorname{cotg} r$$

oder

$$\operatorname{cotg}\frac{a}{2} = \frac{\operatorname{cotg} r}{\cos(\sigma - \alpha)} .$$

Durch Vergleich dieses Ausdrucks mit dem entsprechenden Ausdruck der Kotangensformel (§ 15)

$$\operatorname{cotg}\frac{a}{2} = \frac{k'}{\cos(\sigma - \alpha)}$$

folgt

$$\operatorname{cotg} r = k' = \sqrt{\frac{\cos(\sigma-\alpha)\cos(\sigma-\beta)\cos(\sigma-\gamma)}{-\cos\sigma}} = \frac{\Sigma}{-\cos\sigma}.$$

c) Der Radius des einbeschriebenen Kreises zum sphärischen Dreieck.

Legt man durch die Ecken des sphärischen Dreiecks ABC die größten Kreisbögen, welche die Winkel des Dreiecks halbieren, so schneiden sich diese Bögen in einem Punkte O, dem Mittelpunkte des einbeschriebenen Kreises zum sphärischen Dreieck. Legt man durch O die größten Kreisbögen OX, OY, OZ, die auf den Seiten des Dreiecks senkrecht stehen, so stellt jeder dieser Bögen den sphärischen Radius ϱ des einbeschriebenen Kreises dar. Eine analoge Betrachtung wie in der Geometrie der Ebene zeigt, daß

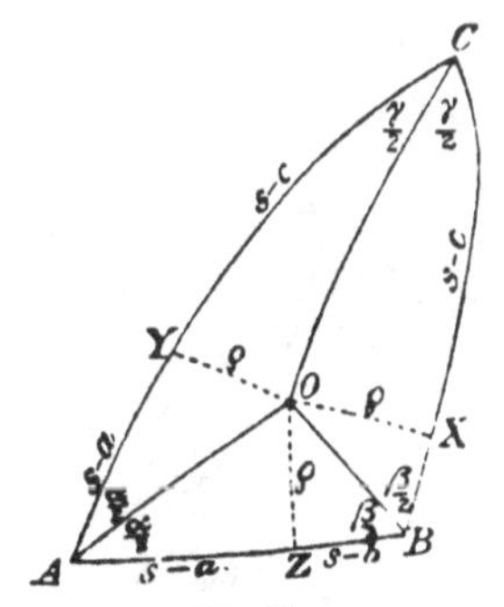

Fig. 54.

$$AY = AZ = s - a\,,$$
$$BZ = BX = s - b\,,$$
$$CX = CY = s - c$$

ist. Dann ist, nach den Neperschen Regeln für das rechtwinklige Dreieck, im Dreieck AOY

$$\sin(s-a) = \operatorname{cotg}\frac{\alpha}{2}\cdot\operatorname{tg}\varrho$$

oder

$$\operatorname{tg}\frac{\alpha}{2} = \frac{\operatorname{tg}\varrho}{\sin(s-a)}.$$

Durch Vergleich dieses Ausdrucks mit der Tangensformel (§ 14)

$$\operatorname{tg}\frac{\alpha}{2} = \frac{k}{\sin(s-a)}$$

folgt

$$\operatorname{tg}\varrho = k = \sqrt{\frac{\sin(s-a)\sin(s-b)\sin(s-c)}{\sin s}} = \frac{S}{\sin s}.$$

Aus der Schlußbemerkung von § 15 und der Gleichung $-\cos\sigma' = \sin s$ folgt $\operatorname{cotg} r' = \operatorname{tg}\varrho$, oder der Satz:

Der Radius des einbeschriebenen Kreises für ein sphärisches Dreieck und der Radius des umschriebenen Kreises für das zugehörige Polardreieck sind Komplemente.

---

§ 21. Der Flächeninhalt des sphärischen Dreiecks. Die L'Huiliersche Formel.

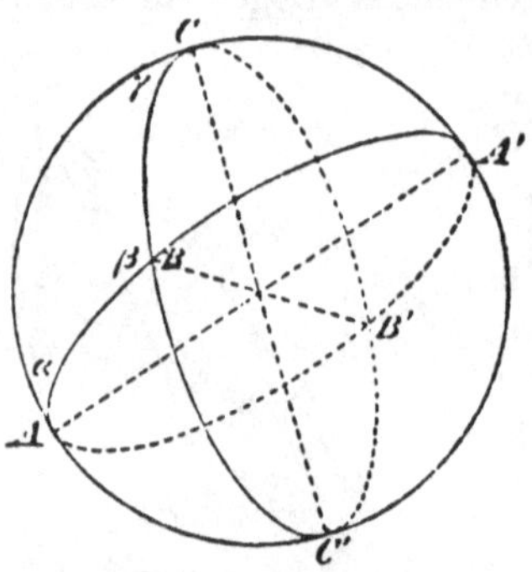

Fig. 55.

1. Sind AA', BB', CC' drei beliebige Durchmesser der Kugel und ist ABC das sphärische Dreieck, dessen Seiten Bögen größter Kreise sind, die durch je zwei dieser Durchmesser gelegt sind, so stellt Dreieck ABC mit je einem der an dasselbe längs einer Seite anstoßenden Dreiecke zusammen ein sphärisches Zweieck dar.

Der Inhalt eines sphärischen Zweiecks, dessen Seiten miteinander den Neigungswinkel φ bilden, ist:

$$\text{Zweieck} = 4\pi r^2 \frac{\varphi}{360^0} = \pi r^2 \frac{\varphi}{90^0}.$$

Demnach ist hier

$$J_{(ABC)} + J_{(A'BC)} = 4\pi r^2 \cdot \frac{\alpha}{360^0},$$

$$J_{(ABC)} + J_{(AB'C)} = 4\pi r^2 \cdot \frac{\beta}{360^0},$$

$$J_{(ABC)} + J_{(ABC')} = 4\pi r^2 \cdot \frac{\gamma}{360^0}.$$

Setzt man noch für $J_{(ABC')}$ den ebenso großen Wert $J_{(A'B'C)}$, und addiert man die Gleichungen seitenweise, so erhält man

$$2\,J_{(ABC)} + 2\,\pi r^2 = 4\,\pi r^2 \cdot \frac{\alpha + \beta + \gamma}{360^0}$$

oder, wenn man den **sphärischen Exzeß** (vgl. II, § 3)

$$\varepsilon = \alpha + \beta + \gamma - 180^0$$

einführt,

$$J_{(ABC)} = \pi r^2 \cdot \frac{\varepsilon}{180^0} = 4\,\pi r^2 \cdot \frac{\varepsilon}{720^0}\,.$$

Die Berechnung des Flächeninhalts des sphärischen Dreiecks setzt also die Kenntnis der Winkel, bezw. des Exzesses der Winkelsumme voraus.

Die letzte Formel ergibt den Satz: **Die Fläche eines sphärischen Dreiecks verhält sich zur Fläche der Kugel, auf welcher es liegt, wie der sphärische Exzeß des Dreiecks zu $8\,R$.**

Eine hübsche Verifikation dieses Satzes bildet der Kugeloktant, das gleichseitige sphärische Dreieck mit drei rechten Winkeln.

2. Zur Berechnung des Exzesses aus den Seiten des Dreiecks dient die jetzt abzuleitende L'**Huilier**sche Formel.

Aus

$$\alpha + \beta + \gamma - 180^0 = \varepsilon$$

folgt

$$\alpha + \beta = 180^0 - (\gamma - \varepsilon)\,,$$

$$\sin\frac{(\alpha + \beta)}{2} = \cos\frac{\gamma - \varepsilon}{2}\,, \qquad \cos\frac{\alpha + \beta}{2} = \sin\frac{\gamma - \varepsilon}{2}\,.$$

Setzt man diese Werte ein in die **Delambre**schen Gleichungen § 16, (1) und (3), so erhält man aus

$$\cos\frac{\gamma - \varepsilon}{2}\cos\frac{c}{2} = \cos\frac{a - b}{2}\cos\frac{\gamma}{2}$$

und

$$\sin\frac{\gamma - \varepsilon}{2}\cos\frac{c}{2} = \cos\frac{a + b}{2}\sin\frac{\gamma}{2}$$

die Proportionen

$$\cos\frac{\gamma}{2} : \cos\frac{\gamma - \varepsilon}{2} = \cos\frac{c}{2} : \cos\frac{a - b}{2}\,,$$

$$\sin\frac{\gamma}{2} : \sin\frac{\gamma - \varepsilon}{2} = \cos\frac{c}{2} : \cos\frac{a + b}{2}$$

und aus ihnen durch korrespondierende Subtraktion und Addition die Gleichungen

$$\frac{\cos\frac{\gamma}{2}-\cos\frac{\gamma-\varepsilon}{2}}{\cos\frac{\gamma}{2}+\cos\frac{\gamma-\varepsilon}{2}}=\frac{\cos\frac{c}{2}-\cos\frac{a-b}{2}}{\cos\frac{c}{2}+\cos\frac{a-b}{2}}$$

und

$$\frac{\sin\frac{\gamma}{2}-\sin\frac{\gamma-\varepsilon}{2}}{\sin\frac{\gamma}{2}+\sin\frac{\gamma-\varepsilon}{2}}=\frac{\cos\frac{c}{2}-\cos\frac{a+b}{2}}{\cos\frac{c}{2}+\cos\frac{a+b}{2}}$$

oder

$$\frac{\sin\frac{\varepsilon}{4}\sin\left(\frac{\gamma}{2}-\frac{\varepsilon}{4}\right)}{\cos\frac{\varepsilon}{4}\cos\left(\frac{\gamma}{2}-\frac{\varepsilon}{4}\right)}=\frac{\sin\frac{c+a-b}{4}\sin\frac{c-a+b}{4}}{\cos\frac{c+a-b}{4}\cos\frac{c-a+b}{4}},$$

$$\frac{\sin\frac{\varepsilon}{4}\cos\left(\frac{\gamma}{2}-\frac{\varepsilon}{4}\right)}{\cos\frac{\varepsilon}{4}\sin\left(\frac{\gamma}{2}-\frac{\varepsilon}{4}\right)}=\frac{\sin\frac{a+b+c}{4}\sin\frac{a+b-c}{4}}{\cos\frac{a+b+c}{4}\cos\frac{a+b-c}{4}}$$

oder

$$\operatorname{tg}\frac{\varepsilon}{4}\operatorname{tg}\left(\frac{\gamma}{2}-\frac{\varepsilon}{4}\right)=\operatorname{tg}\frac{s-b}{2}\operatorname{tg}\frac{s-a}{2},$$

$$\operatorname{tg}\frac{\varepsilon}{4}\operatorname{cotg}\left(\frac{\gamma}{2}-\frac{\varepsilon}{4}\right)=\operatorname{tg}\frac{s}{2}\operatorname{tg}\frac{s-c}{2}.$$

Aus diesen Gleichungen folgt durch seitenweise Multiplikation die L'Huiliersche Gleichung

$$\operatorname{tg}\frac{\varepsilon}{4}=\sqrt{\operatorname{tg}\frac{s}{2}\operatorname{tg}\frac{s-a}{2}\operatorname{tg}\frac{s-b}{2}\operatorname{tg}\frac{s-c}{2}},$$

wo $0^0<\frac{\varepsilon}{4}<90^0$, also $\operatorname{tg}\frac{\varepsilon}{4}$ stets positiv ist,

und durch seitenweise Division die weniger wichtige Gleichung

$$\operatorname{tg}\left(\frac{\gamma}{2}-\frac{\varepsilon}{4}\right)=\sqrt{\frac{\operatorname{tg}\frac{s-a}{2}\operatorname{tg}\frac{s-b}{2}}{\operatorname{tg}\frac{s}{2}\operatorname{tg}\frac{s-c}{2}}},$$

zu der sich durch zyklische Vertauschung zwei analoge Gleichungen für $\operatorname{tg}\left(\frac{\alpha}{2}-\frac{\varepsilon}{4}\right)$ und $\operatorname{tg}\left(\frac{\beta}{2}-\frac{\varepsilon}{4}\right)$ ergeben.

3. Auch aus zwei Seiten und dem eingeschlossenen Winkel läßt sich der sphärische Exzeß direkt bestimmen.

Aus $\alpha+\beta+\gamma-180^0=\varepsilon$ folgt

$$\sin\frac{\varepsilon}{2}=-\cos\frac{\alpha+\beta+\gamma}{2}$$

$$=-\cos\frac{\alpha+\beta}{2}\cos\frac{\gamma}{2}+\sin\frac{\alpha+\beta}{2}\sin\frac{\gamma}{2},$$

$$\cos\frac{\varepsilon}{2}=\sin\frac{\alpha+\beta+\gamma}{2}$$

$$=\sin\frac{\alpha+\beta}{2}\cos\frac{\gamma}{2}+\cos\frac{\alpha+\beta}{2}\sin\frac{\gamma}{2}.$$

Setzt man in diesen Gleichungen für die Funktionen $\frac{\alpha+\beta}{2}$ und $\frac{\alpha-\beta}{2}$ die sich aus den Delambreschen Gleichungen § 16, (1) und (3) ergebenden Werte ein, so erhält man

$$\sin\frac{\varepsilon}{2}=-\frac{\cos\frac{a+b}{2}\sin\frac{\gamma}{2}\cos\frac{\gamma}{2}}{\cos\frac{c}{2}}+\frac{\cos\frac{a-b}{2}\cos\frac{\gamma}{2}\sin\frac{\gamma}{2}}{\cos\frac{c}{2}},$$

$$\cos\frac{\varepsilon}{2}=\frac{\cos\frac{a-b}{2}\cos^2\frac{\gamma}{2}}{\cos\frac{c}{2}}+\frac{\cos\frac{a+b}{2}\sin^2\frac{\gamma}{2}}{\cos\frac{c}{2}},$$

oder

$$\sin\frac{\varepsilon}{2}=\frac{\sin\frac{a}{2}\sin\frac{b}{2}\sin\gamma}{\cos\frac{c}{2}},$$

$$\cos\frac{\varepsilon}{2}=\frac{\cos\frac{a}{2}\cos\frac{b}{2}+\sin\frac{a}{2}\sin\frac{b}{2}\cos\gamma}{\cos\frac{c}{2}}.$$

Dividiert man diese Gleichungen seitenweise durcheinander, so folgt

$$\operatorname{tg}\frac{\varepsilon}{2}=\frac{\sin\frac{a}{2}\sin\frac{b}{2}\sin\gamma}{\cos\frac{a}{2}\cos\frac{b}{2}+\sin\frac{a}{2}\sin\frac{b}{2}\cos\gamma}$$

oder

$$\operatorname{tg}\frac{\varepsilon}{2}=\frac{\operatorname{tg}\frac{a}{2}\operatorname{tg}\frac{b}{2}\sin\gamma}{1+\operatorname{tg}\frac{a}{2}\operatorname{tg}\frac{b}{2}\cos\gamma}.$$

Durch zyklische Vertauschung der Stücke des Dreiecks erhält man zwei weitere, mit der letzten gleichwertige Formeln für den Exzeß des Dreiecks.

Für das rechtwinklige Dreieck ($\angle\gamma=90^0$) ergibt sich aus der letzten Formel

$$\operatorname{tg}\frac{\varepsilon}{2}=\operatorname{tg}\frac{a}{2}\cdot\operatorname{tg}\frac{b}{2}$$

und für das gleichseitige Dreieck aus der L'Huilierschen Formel

$$\operatorname{tg}\frac{\varepsilon}{4}=\sqrt{\operatorname{tg}\frac{3a}{4}\operatorname{tg}^3\left(\frac{a}{4}\right)}.$$

---

§ 22. Aufgaben.

1. Ein rechtwinkliges sphärisches Dreieck zu berechnen aus der Hypotenuse $c=63^0\,30'$ und der Kathete $a=132^0\,15'$.

Lösung:

$$\beta=123^0\,17'\,28'',\quad b=131^0\,34'\,33'',\quad \alpha=124^0\,11'\,46''.$$

2. Desgleichen aus der Kathete $a=46^0$ und ihrem Gegenwinkel $\alpha=61^0$.

Lösung:

$$b_1=35^0\;1'\,47'',\quad c_1=55^0\,19'\,47'',\quad \beta_1=44^0\,15'\,32'',$$
$$b_2=144^0\,58'\,13'',\quad c_2=124^0\,40'\,13'',\quad \beta_2=135^0\,44'\,28''.$$

3. Im gleichseitigen sphärischen Dreieck, dessen Seiten $a=60^0$ sind, die Winkel und den Flächeninhalt zu berechnen.

(Man zeichne eine sphärische Höhe und wende die **Nepersche** Regel an, oder man benutze den Kosinussatz zur Berechnung von α. Zur Berechnung von ε ist auch die letzte Formel des vorigen Paragraphen bequem.)

Lösung:

$$\alpha = 70^0 31' 43'', \quad \varepsilon = 31^0 35' 9'', \quad J = r^2 \cdot 0{,}55126 .$$

(Vgl. auch Nr. 5, b.)

4. Im gleichseitigen sphärischen Dreieck, dessen Seiten $a = 45^0$ sind, die Winkel und den Flächeninhalt zu berechnen.

Lösung:

$$\alpha = 65^0 31' 49'', \quad \varepsilon = 16^0 35' 27'', \quad J = r^2 \cdot 0{,}28956 .$$

5. Welchen Neigungswinkel bilden zwei aneinanderstoßende Seiten

a) des Würfels, Lösung: $\alpha = 90^0$,
b) des regulären Tetraeders, „ $\alpha = 70^0 31' 43''$,
c) des regulären Dodekaeders, „ $\alpha = 116^0 33' 54''$,
d) des Oktaeders, „ $\alpha = 109^0 28' 16''$,
e) des Ikosaeders, „ $\alpha = 138^0 11' 23''$.

Bei c) müssen die Winkel einer Ecke mit drei Seiten von je 108^0, bei e) von einer solchen mit zwei Seiten von 60^0 und einer Seite von 108^0 berechnet werden.

6. In einer beliebigen dreiseitigen Pyramide werden die drei Grundkanten der Grundfläche ABC mit a, b, c, die drei von der Spitze S herablaufenden Kanten mit $\mathfrak{a}, \mathfrak{b}, \mathfrak{c}$ bezeichnet. Den Inhalt des Tetraeders zu berechnen aus $\mathfrak{a} = 50\,\text{cm}$, $\mathfrak{b} = 30\,\text{cm}$, $\mathfrak{c} = 40\,\text{cm}$, $\angle(\mathfrak{b}, \mathfrak{c}) = 60^0$, $\angle(\mathfrak{c}, \mathfrak{a}) = 70^0$, $\angle(\mathfrak{b}, \mathfrak{a}) = 80^0$.

Lösung:

$$J = 8138\,\text{ccm} = \tfrac{1}{6}\,\mathfrak{a}\,\mathfrak{b}\,\mathfrak{c}\,\sin(\mathfrak{b}, \mathfrak{c}) \sin(\mathfrak{c}, \mathfrak{a}) \sin\gamma .$$

(γ ist der Neigungswinkel von SAB gegen CAB.)

7. Den Inhalt der dreiseitigen Pyramide zu berechnen aus $a = 9\,\text{cm}$, $b = 10\,\text{cm}$, $c = 11\,\text{cm}$, $\mathfrak{a} = 12\,\text{cm}$, $\mathfrak{b} = 13\,\text{cm}$, $\mathfrak{c} = 14\,\text{cm}$.

Lösung: $J = 157{,}94$ ccm.

8. Den Inhalt eines dreiseitigen Prisma zu berechnen, welches mit dem in 6) genannten Tetraeder vier Ecken gemeinsam hat.

9. Den Inhalt eines Parallelepipeds zu berechnen, welches mit dem in 6. genannten Tetraeder vier Ecken gemeinsam hat.

10. Hamburg liegt auf 9° 59′ östl. Länge und 53° 33′ nördl. Breite. New York liegt auf 73° 59′ westl. Länge und 40° 44′ nördl. Breite. Wie weit ist Hamburg auf größtem Kreise von New York entfernt? (Erdradius = 6370 km.)

Lösung: 6126 km.

11. Ein Schiff fährt von Sydney (151° 12½′ östl. Länge, 33° 51½′ südl. Breite) auf größtem Kreise nach San Francisco (122° 25½′ westl. Länge, 37° 47½′ nördl. Breite). Mit welchem Kurs verläßt das Schiff Sydney?

Lösung: Der Fahrtbogen ist 107° 27′ und bildet mit dem Meridian von Sydney einen Winkel von 55° 45½′.

12. Wie groß ist der Flächeninhalt des sphärischen Dreiecks auf der Erde, dessen Ecken bezw. folgende Längen und Breiten haben: $l_1 = 106°$ östl., $b_1 = 0°$, $l_2 = 81°$ westl., $b_2 = 0°$, $l_3 = 170°$ westl., $b_3 = 66\frac{1}{2}$ nördl. (Das Dreieck stellt annähernd die Fläche des großen Ozeans nördl. vom Äquator dar.)

Lösung: Die Seiten des sphärischen Dreiecks sind 173°, 89° 36′ 5″, 87° 36′ 40″. Der Exzeß des Dreiecks beträgt 126° 41′ 34″, sein Flächeninhalt rund 89723000 qkm.

13. Die Entfernung Paris-Moskau beträgt 2485 km. Paris liegt auf 48° 50′ 13″ nördl. Breite, Moskau auf 55° 45′ 20″ nördl. Breite. Wie groß ist der Zeitunterschied für die beiden Orte Paris und Moskau?

Lösung: 2 St. 20 Min. 53 Sek.

---

§ 23. Zusammenhang zwischen den Formeln der sphärischen und der ebenen Trigonometrie.

Vorbemerkung: Für die folgende Betrachtung ist es notwendig, die Winkelmessung nicht wie bisher in Graden, Minuten, Sekunden, sondern in „Bogenmaß" auszuführen. Die Messung in Bogenmaß beruht auf folgender Überlegung: Jeder Winkel schneidet aus beliebigen, mit den Radien r_1 und r_2 um seinen Scheitel beschriebenen Kreisen Bögen b_1 und b_2 derart aus, daß $\frac{b_1}{r_1} = \frac{b_2}{r_2}$ ist. Für jeden Winkel ist also das Verhältnis $\frac{b}{r}$ des Bogens, den er aus einem um seinen Scheitel beschriebenen Kreise ausschneidet, zum Radius dieses Kreises konstant. Dieses Verhältnis $\frac{b}{r}$ kann als die Maßzahl des Winkels, oder kurzweg als der Winkel selbst bezeichnet werden. Bei dieser Bezeichnungsweise ist jeder Winkel eine unbenannte Zahl.

Beispiel: Der Winkel 1,23918 ist der Winkel, der aus einem Kreise vom Radius 1 (*m*) einen Bogen von der Länge 1,23918 (*m*) ausschneidet. Das Gradmaß α^0 dieses Winkels wird gefunden aus der Gleichung

$$2\pi \cdot \frac{\alpha^0}{360^0} = 1{,}23918\,, \quad (r = 1)$$

$$\alpha^0 = \frac{1{,}23918 \cdot 360^0}{2\pi} = 71^0.$$

Die meisten Logarithmentafeln enthalten eine Tabelle: „Länge der Kreisbögen für den Radius Eins“, die die Umrechnung eines Winkels aus Gradmaß in Bogenmaß und umgekehrt erleichtert.

Folgendes ist ein Auszug aus solcher Tafel:

Gradmaß	Bogenmaß
$0^0\,0'\,1''$	0,000005,
$0^0\,1'\,0''$	0,000291,
1^0	0,017453,
45^0	$0{,}785398 = \frac{\pi}{4}$,
$57^0\,17'\,45''$	1,000000,
90^0	$1{,}570796 = \frac{\pi}{2}$,
180^0	$3{,}141593 = \pi$,
360^0	$6{,}283185 = 2\pi$.

Ein Vergleich der Winkelwerte im Bogenmaß mit der Tafel der zugehörigen Sinus- und Tangenswerte zeigt, daß für Winkel unter 1^0 Abweichungen zwischen Winkelwert, zugehörigem Sinus und zugehörigem Tangens höchstens in der fünften Dezimale auftreten. Der Grund dafür ist einfach: Beschreibt man nämlich um die Ecke A des rechtwinkligen Dreiecks ABC, in dem $\angle\alpha$ sehr klein ist, mit AC einen Kreisbogen, so überzeugt man sich, daß mit unendlich abnehmendem $\angle\alpha$ die Größen

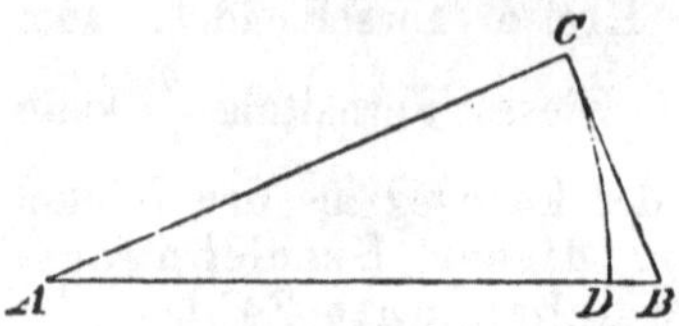

Fig. 56.

$$\angle\alpha = \frac{\widehat{CD}}{AC}, \qquad \sin\alpha = \frac{CB}{AB}, \qquad \operatorname{tg}\alpha = \frac{CB}{AC}$$

sich nur um unendlich wenig unterscheiden. Für unendlich kleine, im Bogenmaß gemessene Winkel gilt also die Gleichung

$$\left(\begin{matrix}\lim\\ \alpha = 0\end{matrix}\right) \quad \angle\alpha = \sin\alpha = \operatorname{tg}\alpha\,.$$

Von dieser Beziehung soll im folgenden, wo alle Winkel in Bogenmaß gemessen werden, Gebrauch gemacht werden.

Um Verwechslungen zu verhüten, sollen in diesem Paragraphen die Seiten eines ebenen Dreiecks mit $\mathfrak{a}$, $\mathfrak{b}$, $\mathfrak{c}$, die halbe Summe derselben mit $\mathfrak{s}$, der Radius des einbeschriebenen Kreises mit $\mathfrak{k}$, der des umschriebenen Kreises mit $\mathfrak{r}$, die Höhe mit $\mathfrak{h}$, der Inhalt mit $\mathfrak{J}$ bezeichnet werden.

Auf einer Kugel vom Radius r liegt ein sphärisches Dreieck ABC mit den Seiten a, b, c und den Winkeln α, β, γ. Die die Ecken verbindenden Sehnen sollen mit $\mathfrak{a}$, $\mathfrak{b}$, $\mathfrak{c}$ bezeichnet werden. Man lasse jetzt den Radius r der durch A, B, C gehenden Kugel ins Unendliche wachsen. Die Bogen a, b, c gehen in die Seiten $\mathfrak{a}$, $\mathfrak{b}$, $\mathfrak{c}$ des ebenen Dreiecks über, und die Seiten a, b, c werden durch die Verhältnisse $\frac{\mathfrak{a}}{r} = a$, $\frac{\mathfrak{b}}{r} = b$, $\frac{\mathfrak{c}}{r} = c$ $(r = \infty)$ gemessen.

Formt man jetzt die Gleichungen der sphärischen Trigonometrie so um, daß in ihnen nur noch die Funktionen Sinus und Kosinus der Seiten vorkommen, und berücksichtigt man, daß für unendlich kleine Winkel $\alpha = \sin\alpha = \operatorname{tg}\alpha$ ist, so gehen die Formeln der Sphärik in die entsprechenden Formeln der ebenen Trigonometrie über, und die seither beobachtete Analogie in den Formeln der beiden Gebiete findet ihre Erklärung dahin, daß die Formeln der ebenen Trigonometrie als Grenzfälle der allgemeineren Formeln der Sphärik angesehen werden können.

Das wird im folgenden weiter ausgeführt:

1. Der Sinussatz:

Die Formel

$$\frac{\sin a}{\sin\alpha} = \frac{\sin b}{\sin\beta} = \frac{\sin c}{\sin\gamma}$$

geht über in

$$\frac{\mathfrak{a}}{r\sin\alpha} = \frac{\mathfrak{b}}{r\sin\beta} = \frac{\mathfrak{c}}{r\sin\gamma}$$

oder

$$\frac{\mathfrak{a}}{\sin\alpha} = \frac{\mathfrak{b}}{\sin\beta} = \frac{\mathfrak{c}}{\sin\gamma} \quad \text{(vgl. I, § 33).}$$

2. Der Seitenkosinussatz:

Die Formel

$$\cos a = \cos b \cos c + \sin b \sin c \cos\alpha$$

oder

$$\sqrt{1-\sin^2 a} = \sqrt{1-\sin^2 b}\sqrt{1-\sin^2 c} + \sin b \sin c \cos\alpha$$

geht über in

$$\sqrt{1-\frac{\mathfrak{a}^2}{r^2}} = \sqrt{1-\frac{\mathfrak{b}^2}{r^2}}\sqrt{1-\frac{\mathfrak{c}^2}{r^2}} + \frac{\mathfrak{b}}{r}\frac{\mathfrak{c}}{r}\cos\alpha$$

oder in

$$1-\frac{\mathfrak{a}^2}{r^2} = 1-\frac{\mathfrak{b}^2}{r^2}-\frac{\mathfrak{c}^2}{r^2}+\frac{\mathfrak{b}^2\mathfrak{c}^2}{r^4}+\frac{\mathfrak{b}^2\mathfrak{c}^2}{r^4}\cos^2\alpha$$

$$+2\sqrt{1-\frac{\mathfrak{b}^2}{r^2}-\frac{\mathfrak{c}^2}{r^2}+\frac{\mathfrak{b}^2\mathfrak{c}^2}{r^4}}\cdot\frac{\mathfrak{b}\mathfrak{c}}{r^2}\cos\alpha$$

oder, nach Multiplikation mit r^2 $(r=\infty)$, in

$$\mathfrak{a}^2 = \mathfrak{b}^2 + \mathfrak{c}^2 - 2\mathfrak{b}\mathfrak{c}\cos\alpha \quad \text{(vgl. I, § 34).}$$

3. Der Winkelkosinussatz:

Die Formel

$$\cos\alpha = -\cos\beta\cos\gamma + \sin\beta\sin\gamma\cos a$$

führt bei analoger Behandlung auf die Identität

$$\cos(\beta+\gamma) = \cos\beta\cos\gamma - \sin\beta\sin\gamma \quad \text{(vgl. I, § 43, 3).}$$

4. Die Neperschen Formeln des rechtwinkligen Dreiecks: Es findet folgendes Entsprechen statt:

$$\begin{aligned}
\sin a &= \sin c \sin\alpha\,, & \mathfrak{a} &= \mathfrak{c}\sin\alpha\,,\\
\cos c &= \cos a \cos b\,, & \mathfrak{c}^2 &= \mathfrak{a}^2 + \mathfrak{b}^2,\\
\cos\alpha &= \sin\beta\cos a\,, & \cos\alpha &= \sin\beta\,,\\
\cos c &= \operatorname{cotg}\alpha\operatorname{cotg}\beta\,, & 1 &= \operatorname{cotg}\alpha\operatorname{cotg}\beta,\\
\sin a &= \operatorname{tg} b\operatorname{cotg}\beta\,, & \mathfrak{a} &= \mathfrak{b}\operatorname{cotg}\beta\,,\\
\cos\alpha &= \operatorname{tg} b\operatorname{cotg} c\,, & \mathfrak{b} &= \mathfrak{c}\cos\alpha\,,
\end{aligned}$$

wo $\gamma = 90^0$ ist.

5. Der Halbwinkelsatz:

Aus

$$\operatorname{tg}\frac{\alpha}{2} = \frac{k}{\sin(s-a)},$$

wo

$$k = \sqrt{\frac{\sin(s-a)\sin(s-b)\sin(s-c)}{\sin s}}$$

ist, folgt

$$\operatorname{tg}\frac{\alpha}{2} = \frac{\mathfrak{k}}{\mathfrak{s}-\mathfrak{a}} \quad \text{(vgl. I, § 37)},$$

wo

$$\mathfrak{k} = \sqrt{\frac{(\mathfrak{s}-\mathfrak{a})(\mathfrak{s}-\mathfrak{b})(\mathfrak{s}-\mathfrak{c})}{\mathfrak{s}}}$$

der Radius des einbeschriebenen Kreises im ebenen Dreieck ist.

6. Aus

$$\sin\alpha = \frac{2S}{\sin b\sin c},$$

wo

$$S = \sqrt{\sin s\sin(s-a)\sin(s-b)\sin(s-c)}$$

ist, folgt

$$\sin\alpha = \frac{2\sqrt{\mathfrak{s}(\mathfrak{s}-\mathfrak{a})(\mathfrak{s}-\mathfrak{b})(\mathfrak{s}-\mathfrak{c})}}{\mathfrak{b}\mathfrak{c}} = \frac{2\mathfrak{J}}{\mathfrak{b}\mathfrak{c}}$$

oder

$$\mathfrak{J} = \frac{\mathfrak{b}\mathfrak{c}}{2}\sin\alpha \quad \text{(vgl. I, § 39, 2)}.$$

7. Die Kotangensformel:

Für diese und mehrere andere Ableitungen ist zu beachten, daß die Formel für den Inhalt des sphärischen

Dreiecks

$$J = 4\pi r^2 \cdot \frac{\varepsilon^0}{720^0},$$

wenn ε in Bogenmaß gemessen wird, übergeht in

$$J = r^2 \cdot \varepsilon .$$

Aus

$$\operatorname{cotg}\frac{a}{2} = \frac{k'}{\cos(\sigma - \alpha)} \quad \text{oder} \quad \operatorname{tg}\frac{a}{2} = \frac{\cos(\sigma - \alpha)}{k'},$$

wo

$$k' = \sqrt{\frac{\cos(\sigma - \alpha)\cos(\sigma - \beta)\cos(\sigma - \gamma)}{-\cos\sigma}}$$

ist, folgt, wenn man für den Grenzfall des ebenen Dreiecks

$$\sigma = 90^0 + \frac{\varepsilon}{2} \quad (\lim \varepsilon = 0)$$

setzt,

$$\frac{\mathfrak{a}}{2r} = \frac{\sin\alpha \sqrt{\sin\frac{\varepsilon}{2}}}{\sqrt{\sin\alpha \sin\beta \sin\gamma}} = \frac{\sin\alpha}{\sqrt{\sin\alpha \sin\beta \sin\gamma}} \cdot \sqrt{\frac{\mathfrak{J}}{2r^2}}$$

oder

$$\frac{\mathfrak{a}^2 \sin\beta \sin\gamma}{2\sin\alpha} = \mathfrak{J} \quad \text{(vgl. I, § 39, 3).}$$

8. Aus den Delambreschen Gleichungen (2) und (4) folgen die bekannten Mollweideschen Gleichungen (vgl. I, § 49, 1)

$$\frac{\mathfrak{a} - \mathfrak{b}}{\mathfrak{c}} = \frac{\sin\left(\frac{\alpha - \beta}{2}\right)}{\cos\frac{\gamma}{2}} \quad \text{und} \quad \frac{\mathfrak{a} + \mathfrak{b}}{\mathfrak{c}} = \frac{\cos\frac{\alpha - \beta}{2}}{\sin\frac{\gamma}{2}}$$

und aus den Delambreschen Gleichungen (1) und (3) die Identitäten

$$\sin\frac{\alpha + \beta}{2} = \cos\frac{\gamma}{2} \quad \text{und} \quad \cos\frac{\alpha + \beta}{2} = \sin\frac{\gamma}{2} .$$

9. Aus dem Tangenssatze der Sphärik (§ 17, 4) folgt

$$\frac{\mathfrak{a} - \mathfrak{b}}{\mathfrak{a} + \mathfrak{b}} = \frac{\operatorname{tg}\frac{\alpha - \beta}{2}}{\operatorname{tg}\frac{\alpha + \beta}{2}} \quad \text{(vgl. I, § 36).}$$

10. Aus
$$\operatorname{tg} r = \sqrt{\frac{-\cos\sigma}{\cos(\sigma-\alpha)\cos(\sigma-\beta)\cos(\sigma-\gamma)}}$$
folgt ähnlich wie in 8, mit Benutzung der Gleichungen
$$\sigma = 90^0 + \frac{\varepsilon}{2} \quad (\lim \varepsilon = 0)$$
und
$$J = r^2 \cdot \varepsilon,$$
die Formel
$$\mathfrak{J} = 2\,\mathfrak{r}^2 \sin\alpha \sin\beta \sin\gamma \quad (\text{vgl. I, § 39, 4}).$$

11. Die L'Huiliersche Gleichung
$$\operatorname{tg}\frac{\varepsilon}{4} = \sqrt{\operatorname{tg}\frac{s}{2}\operatorname{tg}\frac{s-a}{2}\operatorname{tg}\frac{s-b}{2}\operatorname{tg}\frac{s-c}{2}}$$
ergibt
$$\frac{\varepsilon}{4} = \frac{1}{4r^2}\sqrt{\mathfrak{s}(\mathfrak{s}-\mathfrak{a})(\mathfrak{s}-\mathfrak{b})(\mathfrak{s}-\mathfrak{c})}$$
oder mit Benutzung der Gleichung $J = r^2 \varepsilon$
$$\mathfrak{J} = \sqrt{\mathfrak{s}(\mathfrak{s}-\mathfrak{a})(\mathfrak{s}-\mathfrak{b})(\mathfrak{s}-\mathfrak{c})} \quad (\text{vgl. I, § 39, 6}).$$

12. In ähnlicher Weise folgt aus
$$\operatorname{tg}\frac{\varepsilon}{2} = \frac{\operatorname{tg}\frac{a}{2}\operatorname{tg}\frac{b}{2}\sin\gamma}{1+\operatorname{tg}\frac{a}{2}\operatorname{tg}\frac{b}{2}\cos\gamma}$$
die Gleichung
$$\mathfrak{J} = \frac{\mathfrak{a}\mathfrak{b}}{2}\sin\gamma \quad (\text{vgl. I, § 39, 2}) \text{ und}$$

13. aus der Gleichung des sphärischen rechtwinkligen Dreiecks
$$\operatorname{tg}\frac{\varepsilon}{2} = \operatorname{tg}\frac{a}{2}\cdot\operatorname{tg}\frac{b}{2}$$
die Gleichung für das ebene rechtwinklige Dreieck
$$\mathfrak{J} = \frac{\mathfrak{a}\mathfrak{b}}{2}.$$

14. Endlich folgt aus der Gleichung
$$\frac{S}{\Sigma} = \frac{\sin a}{\sin\alpha} \quad (\text{vgl. II, § 14, B und § 15, B})$$
die Formel
$$\mathfrak{a} = 2\,\mathfrak{r}\sin\alpha \quad (\text{vgl. I, § 33}).$$

IV. Abschnitt.

Anwendungen der sphärischen Trigonometrie auf die mathematische Geographie.

§ 24. Das sphärische Koordinatensystem der Erde.

Die Auseinandersetzungen der folgenden Paragraphen können nach dem Charakter des Buchs nur eine Zusammenstellung der wichtigsten Tatsachen, Definitionen und Lehrsätze der mathematischen Geographie enthalten, müssen aber auf eine Beweisführung in den nicht rein mathematischen Dingen verzichten.

Die Erde dreht sich um eine Achse, die durch ihren Mittelpunkt geht, die Erdachse. Die Endpunkte der Erdachse sind die Pole der Erde. Der größte Kreis auf der Erdkugel senkrecht zur Erdachse ist der Äquator. Kreise auf der Erdkugel, deren Ebenen der Äquatorebene parallel sind, heißen Parallelkreise. Die größten Halbkreise durch die Pole der Erde heißen Meridiane. Der Meridian, der durch einen Beobachtungsort O geht, heißt der Hauptmeridian desselben. Er bestimmt die Nord-Süd-Richtung am Beobachtungsort. Der Meridian, der durch die Sternwarte von Greenwich geht, wird in willkürlicher Festsetzung als nullter Meridian bezeichnet.

Die geographische Breite des Ortes O ist der Winkel, den der Erdradius nach O mit seiner Projektion auf die Äquatorebene bildet. Sie wird für Orte nördlich vom Äquator positiv, südlich vom Äquator negativ gerechnet. Sie wird gemessen durch den Bogen des Hauptmeridians zwischen O und dem Äquator. — Die geographische

Länge des Ortes O ist der Winkel, den die Hauptmeridianebene von O mit der Ebene des Nullmeridians bildet. Sie wird gemessen durch den Äquatorbogen zwischen diesen beiden Meridianen. Dabei wird der Bogen meist in der Richtung vom Nullmeridian nach Osten, als östliche Länge gerechnet. Wird vom Nullmeridian nach Westen gezählt, so wird die Länge als westliche Länge bezeichnet.

Die Tangentialebene des Beobachtungsortes O wird als Horizontebene des Ortes O bezeichnet.

§ 25. Linien und Punkte am Himmelsgewölbe.

Die Verlängerung der Erdachse, die Weltachse, schneidet das Himmelsgewölbe in den Himmelspolen. Die Äquatorebene der Erde schneidet das Himmelsgewölbe längs des Himmelsäquators. Die Meridianebenen der Erde schneiden die Himmelskugel in größten Halbkreisen, die durch die Himmelspole gehen, in den Deklinationskreisen. Die Deklinationskreise durch den Ost- und den Westpunkt (s. u.) bilden den Sechsuhrkreis.

Für viele astronomische Betrachtungen kann man sich die Erde punktförmig und daher den Beobachtungspunkt O mit dem Mittelpunkt der Erde zusammenfallend denken, weil, verglichen mit den Entfernungen im Weltraum, der Erdradius eine unendlich kleine Größe ist. Dabei bleiben aber die Richtung der Horizontebene, die des Erdradius nach dem Beobachtungspunkte und die des Hauptmeridians im Beobachtungspunkte unverändert. Die Horizontebene erfährt nur eine Parallel-Verschiebung um die Länge des Erdradius (6370 km).

Im folgenden wird diese Verschiebung vollzogen gedacht, und im Interesse einfachen Ausdrucks die Darstellung auf einen Beobachtungsort der nördlichen Halbkugel bezogen: Die Horizontebene des Beobachtungsortes O schneidet die Himmelskugel in einem größten Kreise, dem wahren Horizonte von O. Die Richtung des Erdradius nach O steht auf dem wahren Horizonte von O senkrecht, und trifft das Himmelsgewölbe im Zenit. Die größten Kreise durch das Zenit des Beobachtungsortes heißen Höhenkreise desselben.

Die Hauptmeridianebene des Beobachtungortes O schneidet das Himmelsgewölbe in dem Hauptdeklinationskreise oder dem Meridian von O. Die Meridianebene von O schneidet die wahre Horizontebene von O in ihrer Nord-Süd-Richtung, und der Meridian den Horizont im Nord- und im Südpunkte. Die Südrichtung am Beobachtungsorte kann auch definiert werden als die Richtung der Projektion der Weltachse auf den Horizont des Ortes. Der Äquator und der Horizont von O schneiden sich im Ost- und im Westpunkte des Horizonts. Der Ostpunkt liegt für den nach Norden blickenden Beobachter auf der rechten Seite des Horizonts.

Die Höhenkreise durch den Ostpunkt und durch den Westpunkt bilden den ersten Vertikal. Der Höhenkreis durch den Südpunkt schneidet den Äquator in dem für den Beobachtungsort höchsten Punkte desselben. Die Äquatorhöhe wird durch den Bogen dieses Höhenkreises zwischen Äquator und Horizont gemessen. Polhöhe des Beobachtungsortes ist der Winkel zwischen der Weltachse und ihrer Projektion auf den Horizont. Sie wird durch den Bogen des Höhenkreises zwischen Horizont und Pol gemessen. Die Polhöhe eines Ortes ist gleich der geographischen Breite desselben, und die Polhöhe eines Ortes ist das Komplement zur Äquatorhöhe desselben Ortes.

Im Laufe eines Jahres verändert die Sonne ihre Stellung am Himmel in bezug auf die Fixsterne, deren gegenseitige Lage zueinander stets (nahezu) unverändert bleibt. Die verschiedenen Orte, die die Sonne im Laufe eines Jahres am Himmel einnimmt, liegen alle auf einem größten Kreise, auf der Ekliptik. Die Ebene der Ekliptik ist gegen die Äquatorebene unter einem Winkel ε von $23^0\,27'\,13''$ geneigt. Er wird als die Schiefe der Ekliptik bezeichnet, und er ist im Laufe der Jahre kleinen Änderungen unterworfen, die ihren Grund in Schwankungen der Äquatorebene haben. Die Senkrechte im Punkte O auf der Ekliptik trifft das Himmelsgewölbe im Pol der Ekliptik. Derselbe hat vom Himmelspol den Abstand ε. Der Kreis, der um den Himmelspol mit dem sphärischen Radius ε beschrieben wird, ist der (nördliche) Polarkreis. Die Parallelkreise zum Äquator im sphärischen Abstande ε sind die Wendekreise. Die größten Kreise durch den Pol der Ekliptik heißen Breitenkreise. Der Schnittpunkt der Ekliptik mit dem Äquator auf der Seite der Ekliptik, wo die Sonne in ihrer fortschreitenden Bewegung sich über den Äquator hebt, heißt Widderpunkt (♈) oder Frühlingspunkt, der andere Schnittpunkt der beiden Kreise heißt Herbstpunkt. Die Sonne durchläuft für einen im Himmelspol gedachten Beobachter die Ekliptik mit einer Gegenzeigerdrehung.

---

§ 26. Die scheinbare tägliche Bewegung der Fixsterne. Die Sternzeit.

Wegen der Drehung der Erde um ihre Achse beschreibt das Himmelsgewölbe in 24 Stunden eine scheinbare volle Drehung um die Weltachse. Jeder Fixstern (nur für die Sonne gelten besondere Betrachtungen) beschreibt dabei einen Parallelkreis zum Äquator. Diese Kreise werden in der Richtung von Osten über Süden nach Westen durchlaufen. Ein Teil der Fixsterne geht bei dieser Bewegung auf und wieder unter, d. h. ihre Parallelkreise schneiden den Horizont des Beobachtungsortes. Derjenige Bogen der Bahn eines Gestirns, der über dem Horizont des Beobachtungsortes liegt, heißt der Tagbogen des Gestirns, der Rest seiner Bahn sein Nachtbogen. Der Abstand des Aufgangspunktes eines Gestirns vom Ostpunkt heißt seine Morgenweite, der Abstand des Untergangspunktes vom Westpunkte seine Abendweite. Beide werden positiv gerechnet, wenn sie vom Ost- bezw. Westpunkte nördlich liegen, andernfalls negativ. Tag- und Nachtbogen aller im Himmelsäquator befindlichen Gestirne sind für alle Beobachtungsorte gleich 180°; Morgen- und Abendweite derselben ist Null. Alle nicht im Äquator befindlichen Sterne haben für verschiedene Beobachtungsorte verschieden große Tag- und Nachtbogen, je nach der Lage des Beobachtungshorizontes. — Sterne, welche bei ihrer täglichen Drehung auf ihrem Parallelkreis nicht unter den Beobachtungshorizont sinken, heißen Zirkumpolarsterne für diesen Horizont. Einem Beobachter am Erdpol erscheinen alle überhaupt für ihn sichtbaren Sterne als solche. Für einen Beobachter in irgend einem Punkte des Erdäquators gibt es keine Zirkumpolarsterne. Für den Beobachter in der geographischen Breite φ sind alle Sterne

Zirkumpolarsterne, deren Polabstand, gemessen auf dem Deklinationskreise, kleiner als φ ist.

Jeder Stern erreicht für einen gegebenen Beobachtungsort bei der täglichen Drehung seinen höchsten Stand, seine obere Kulmination, wenn er durch den Meridian des Ortes geht, und seinen tiefsten Stand, seine untere Kulmination, wenn er, zwölf Stunden später, die Hälfte seiner Bahn seit der oberen Kulmination durchlaufen hat. Für alle Orte auf demselben Erdmeridian kulminiert derselbe Stern gleichzeitig.

Das Zeitmaß für Fixsternbeobachtungen liefert die Drehung des Widderpunkts. Die Zeit von einer oberen Kulmination desselben bis zur nächsten heißt Sterntag. Er wird in 24 Stunden Sternzeit geteilt. Zur Zeit der oberen Kulmination des Widderpunktes ist 0 Uhr (0^h), 2 Stunden nach seiner unteren Kulmination ist vierzehn Uhr (14^h) Sternzeit. Alle Beobachtungspunkte auf demselben Erdmeridian haben gleiche Sternzeit. Ein Ort, der λ^0 östlicher als ein erster Ort liegt, hat $\frac{\lambda}{15}$ Stunden $= \lambda \cdot 4$ Zeitminuten mehr Sternzeit als der erste Ort.

---

§ 27. Die sphärischen Koordinatensysteme an der Himmelskugel.

Für verschiedene Beobachtungszwecke an der Himmelskugel wird die Ortsbestimmung eines Himmelspunktes (Gestirns) auf verschiedene Koordinatensysteme bezogen.

1. Erstes System.

a) Die Höhe (h) eines Gestirns ist der Winkel, den die Richtung vom Beobachtungsort nach dem Gestirn mit ihrer Projektion auf den Horizont des Beobachtungsortes bildet. Sie wird gemessen durch den Bogen des Höhenkreises zwischen Gestirn und Horizont und wird positiv gerechnet, wenn das Gestirn über dem Horizont steht.

b) Das Azimut (a) eines Gestirns ist der Winkel zwischen seinem Höhenkreise und dem Höhenkreise durch den Südpunkt des Beobachtungsortes. Es wird gemessen durch den Horizontbogen zwischen den beiden Höhenkreisen und vom Südpunkt in der Richtung nach Westen wachsend gerechnet. Höhe und Azimut eines Sternes sind von der

Lage des Beobachtungsortes und vom Zeitpunkte der Beobachtung abhängig.

2. Zweites System.

a) Die **Deklination** (δ) eines Gestirns ist der Winkel, den die Richtung vom Beobachtungsort nach dem Gestirn mit ihrer Projektion auf die Äquatorebene bildet. Sie wird gemessen durch den Bogen des Deklinationskreises zwischen Gestirn und Äquator und ist nördlich oder südlich.

b) Die **Rektaszension** (α) eines Gestirns ist der Winkel zwischen seinem Deklinationskreise und dem Deklinationskreise durch den Widderpunkt. Sie wird gemessen durch den Bogen des Äquators zwischen beiden Deklinationskreisen und vom Widderpunkt in derselben Richtung wachsend gerechnet, nach welcher sich die Sonne in der Ekliptik bewegt.

Solange die Lage des Widderpunkts und des Äquators als unveränderlich betrachtet werden dürfen, sind Deklination und Rektaszension unveränderliche Koordinaten jedes Fixsterns. Es hat sich aber herausgestellt, daß die Lage der Äquatorebene geringen Schwankungen von einer rund 25000-jährigen Periode unterworfen ist, und daß der Widderpunkt sich langsam (jährlich um etwa 50″) in der der Bewegung der Sonne entgegengesetzten Richtung in der Ekliptik verschiebt. Aus diesem Grunde sind Deklination und Rektaszension eines Gestirns im Laufe der Jahre etwas veränderliche Größen. Von der Lage des Beobachtungsortes sind diese Größen völlig unabhängig.

3. Drittes System.

a) Die **Deklination** (δ) des Gestirns (wie in 1).

b) Der **Stundenwinkel** (t) des Gestirns ist der Winkel, den der Deklinationskreis des Gestirns mit dem durch den Südpunkt des Beobachtungsortes gehenden Deklinationskreise bildet. Er wird gemessen durch den Bogen des Äquators zwischen den beiden Deklinationskreisen und vom Südpunkt in der Richtung nach Westen wachsend gerechnet. Der Stundenwinkel eines Sterns ist in derselben Weise wie die Sternzeit von der Lage des Beobachtungsortes abhängig. Er durchläuft außerdem in 24 Stunden alle Werte von 0^0 bis 360^0, ist also auch vom Zeitpunkt der Beobachtung abhängig. Der Stundenwinkel wird meist in Stunden, Zeitminuten und Zeitsekunden angegeben, derart, daß einer Stunde 15 Bogengrad, einer Zeitminute und einer Zeitsekunde 15 Bogenminuten bezw. 15 Bogensekunden entsprechen. Auch die Rektaszension eines Sterns wird meist nach demselben Prinzip in Zeitmaß angegeben: „Die Rektaszension eines Sterns beträgt $7^h 3^m$" bedeutet: „Der Deklinationskreis des Sterns bildet mit dem Deklinationskreis des Widderpunkts einen Winkel von 105° 45'" oder auch: „Der Stern kulminiert für den Beobachtungsort $7^h 3^m$ Sternzeit später als der Widderpunkt, oder um $7^h 3^m$ Sternzeit."

Aus der Rektaszension eines Sterns und der augenblicklichen Sternzeit folgt unmittelbar der augenblickliche Stundenwinkel des Sterns: Ist Θ die Sternzeit, α die Rektaszension und t der Stundenwinkel des Sterns im Augenblick der Beobachtung, so ist stets

$$\Theta - \alpha = t$$

Sternzeit — Rektaszension = Stundenwinkel.

4. Viertes System.

a) Die **Breite** (β) eines Gestirns ist der Winkel, den die Richtung vom Beobachtungsort nach dem Gestirn mit ihrer Projektion auf die Ekliptik bildet. Sie wird gemessen durch den Bogen eines größten Kreises zwischen Gestirn und Ekliptik, der durch den Pol der Ekliptik und das Gestirn gelegt ist. Sie kann positiv und negativ sein.

b) Die **Länge** (λ) eines Gestirns ist der Winkel zwischen den beiden größten Kreisen, die durch den Pol der Ekliptik und den Widderpunkt einerseits, durch den Pol der Ekliptik und das Gestirn andererseits gelegt sind. Sie wird gemessen durch den Bogen der Ekliptik zwischen den genannten beiden Kreisen und vom Widderpunkte in derselben Richtung wachsend gerechnet, nach welcher sich die Sonne in der Ekliptik bewegt.

Dies System ist für die Zwecke, die hier verfolgt werden, von geringer Bedeutung. Deshalb wird im folgenden Paragraphen sein Zusammenhang mit den übrigen Systemen nicht weiter behandelt.

---

§ 28. Beziehungen zwischen den Koordinatensystemen der Himmelskugel.

Bedeutet in Fig. 57 $SWNO$ den Horizont, Z das Zenit, $PZAS$ den Hauptmeridian, NS die Nord-Süd-Richtung, OW die Ost-West-Richtung des Beobachtungsortes, $AWQO$

den Äquator, P den Himmelspol, Υ den Widderpunkt, G ein Gestirn, PGR seinen Deklinationskreis, $AR = t$ seinen Stundenwinkel, $\Upsilon R = \alpha$ seine Rektaszension, $ST = a$ sein Azimut, $GT = h$ seine Höhe und endlich $NP = \varphi$ die Polhöhe oder die geographische Breite des Beobachtungsortes, so ergeben sich wichtige Beziehungen zwischen diesen Größen aus dem nautischen Dreiecke PZG.

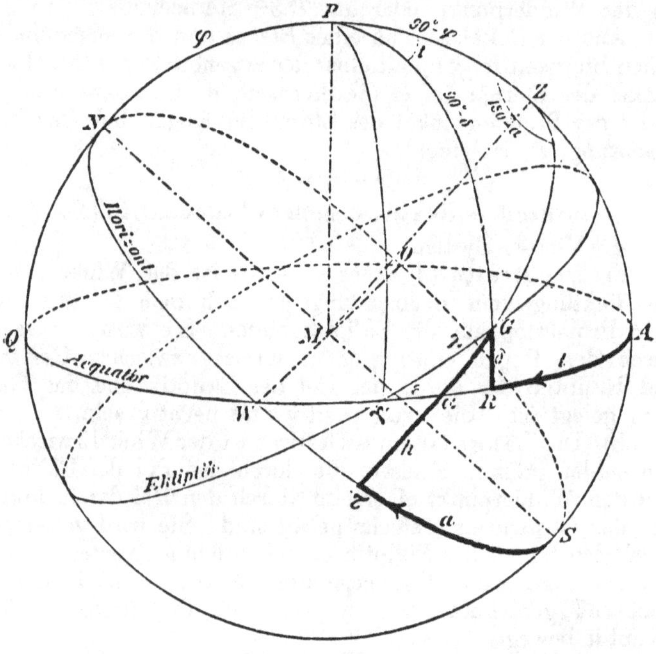

Fig. 57.

In ihm ist

$$PZ = 90^0 - \varphi\,, \quad PG = 90^0 - \delta\,, \quad ZG = 90^0 - h\,,$$
$$\angle GPZ = t\,, \quad \angle PZG = 180^0 - a\,.$$

Demnach ist nach den Sätzen der sphärischen Trigonometrie

$$\frac{\sin a}{\cos\delta} = \frac{\sin t}{\cos h}\,, \tag{1}$$

$$\sin h = \sin\varphi\sin\delta + \cos\varphi\cos\delta\cos t\,, \tag{2}$$

$$\sin\delta = \sin\varphi\sin h - \cos\varphi\cos h\cos a\,. \tag{3}$$

Diese Gleichungen gestatten, wenn drei von den fünf Größen φ, h, a, δ, t gegeben sind, die beiden fehlenden zu berechnen, eventuell unter Zuhilfenahme des sechsten Dreiecksstückes, des parallaktischen Winkels $\angle PGZ$.

Eine besonders einfache Form nehmen diese Gleichungen an, wenn Fragen über auf- oder untergehende Gestirne behandelt werden. Für solche ist $h = 0$. Dann lauten die Gleichungen für auf- oder untergehende Gestirne:

$$\sin a' = \sin t' \cos \delta, \tag{1}$$

$$\cos t' = -\operatorname{tg}\varphi \operatorname{tg}\delta, \tag{2}$$

$$\sin \delta = -\cos\varphi \cos a', \tag{3}$$

wo t' den halben Tagbogen, $a' - 90^0$ die Morgen- bezw. Abendweite des untergehenden Gestirns bedeuten.

---

§ 29. Die Bewegung der Sonne in der Ekliptik. Die wahre Sonnenzeit, die mittlere Sonnenzeit und die mitteleuropäische Zeit.

Die Sonne ist der der Erde nächste Fixstern. Wegen des jährlichen Umlaufs der Erde um die Sonne erscheint zu verschiedenen Zeiten des Jahres von der Erde aus gesehen die Sonne an verschiedenen Punkten des Himmelsgewölbes, sie durchläuft die Ekliptik. Sie erfährt wegen der Bewegung der Erde um die Sonne wesentliche Verschiebungen ihrer scheinbaren Stellung am Himmelsgewölbe. Die übrigen Fixsterne liegen außerhalb der Erdbahn. Sie sind so weit von der Erde entfernt, daß die Verschiebungen ihrer Projektionen auf das Himmelsgewölbe von der Erde aus gesehen, soweit dieselben aus Ortsveränderungen der Erde herrühren, sich der Beobachtung nahezu entziehen. Wegen dieses verschiedenen Verhaltens der Sonne im Vergleich zu den übrigen Fixsternen bedarf es einer gesonderten Betrachtung ihrer Bewegungen.

Am 21. März steht die Sonne im Äquator ($\delta = 0^0$, $\alpha = 0^0$), am 21. Juni erreicht sie ihren höchsten Stand ($\delta = \varepsilon$, $\alpha = 90^0$), am 23. September steht sie wieder im Äquator ($\delta = 0^0$, $\alpha = 180^0$), am 21. Dezember hat sie ihren tiefsten Stand ($\delta = -\varepsilon$, $\alpha = 270^0$), und am 21. März nimmt sie wieder ihren ursprünglichen Stand ($\delta = 0^0$, $\alpha = 0^0$) ein.

Es vergehen also rund 365 Sonnentage von einem Durchgang der Sonne durch den Widderpunkt bis zum nächsten. Die Zeit zwischen zwei solchen Durchgängen wird als **tropisches Jahr** bezeichnet. Dasselbe hat rund 365 Sonnentage. Im bürgerlichen Leben wird nach dem Wechsel von Helle und Dunkelheit, also nach **Sonnentagen** gerechnet. Dieselben sind **länger** als die Sterntage. Denn da die Sonne eine täglich wachsende Rektaszension hat, d. h. in ihrem täglichen Gange stets etwa 1° hinter der Bewegung des Widderpunktes zurückbleibt, vergeht von einer oberen Kulmination der Sonne bis zur nächsten eine um rund 4 Minuten längere Zeit als zwischen zwei aufeinander folgenden oberen Kulminationen des Widderpunktes. Da im Laufe des Jahres die Sonne einmal einen vollen Kreis am Himmelsgewölbe in der entgegengesetzten Richtung zur täglichen Drehung desselben beschreibt, im übrigen aber an der täglichen Drehung desselben teilnimmt, wie alle Fixsterne, so vollendet jeder Fixstern im Laufe des tropischen Jahres, d. h. in der Zeit, in welcher die Sonne 365 volle Umdrehungen macht, deren 366. Es sind also **365 Sonnentage gleich 366 Sterntagen.**

Unter der (nicht ganz zutreffenden) Annahme, daß die Bewegung der Sonne in der Ekliptik gleichförmig sei, würde doch, wegen der Neigung der Ekliptikebene gegen die Äquatorebene, die durch die Bewegung der Sonne in der Ekliptik hervorgerufene tägliche Änderung ihrer Rektaszension nicht gleichförmig sein, vielmehr zu den Zeiten, wo die Rektaszension Werte nahe an 90° oder 270° besitzt, größer sein als zu Zeiten, wo die Werte ihrer Rektaszension nahe an 0° oder 180° liegen. Aus der Ungleichmäßigkeit des täglichen Rektaszensionszuwachses folgt die ungleiche Dauer der **wahren Sonnentage**, d. h. der Zeiten zwischen zwei aufeinander folgenden oberen Kulminationen der Sonne. — Dazu kommt aber weiter, Ungleichmäßigkeiten in der Länge der wahren Sonnentage erzeugend, hinzu, daß die Sonne sich in der Ekliptik mit ungleichmäßiger Geschwindigkeit bewegt, daß sie (vgl. die Daten zu Anfang des §) auf der nördlichen Himmelskugel eine volle Woche länger verweilt als auf der südlichen. Aus den angeführten Gründen schwankt die Länge der wahren Sonnentage zu verschiedenen Jahreszeiten um rund 50 Sekunden.

Deshalb ist für praktische Zwecke der Zeitbestimmung der tägliche Gang der Sonne nicht brauchbar. Man hat deshalb eine gedachte mittlere Sonne eingeführt, von welcher man annimmt, daß sie den Äquator mit gleichförmiger Geschwindigkeit derart durchläuft, daß sie nach einem Jahre gleichzeitig wieder mit der wahren Sonne dieselbe Rektaszension hat. Der tägliche Rektaszensionszuwachs dieser mittleren Sonne beträgt 0,985°. Die täglichen Kulminationen dieser mittleren Sonne bezeichnen den mittleren Mittag des Beobachtungsortes, die Zeit zwischen zwei aufeinander folgenden oberen Kulminationen derselben mißt die Dauer des mittleren Sonnentages.

Der Zusammenhang des mittleren Sonnentages mit den übrigen Zeitmaßen ist durch folgende Beziehungen gegeben:

Das tropische Jahr hat 366,2422 Sterntage oder 365,2422 mittlere Sonnentage.

Daraus folgt: 1 Sterntag hat 86164 Sekunden mittlere Zeit. — Für die Zeitbestimmung dient immer die Beobachtung der wahren Sonne. Die wahre Ortszeit ist gleich dem Stundenwinkel der Sonne an dem betreffenden Orte. Aus der wahren Ortszeit findet man die mittlere Zeit eines Ortes mit Hilfe der für jeden Tag des Jahres berechneten Zeitgleichung.

Die Zeitgleichung ist die Zeit (Minuten und Sekunden), die man zu der wahren Zeit (Sonnenuhr!) hinzuzählen muß, um die mittlere Zeit des Beobachtungsortes zu erhalten. Hat man z. B. an einem Tage, wo die Zeitgleichung $-10^m 42^s$ beträgt, die wahre Ortszeit $4^h 52^m 3^s$ gefunden, so ist die mittlere Ortszeit in diesem Augenblick $4^h 41^m 21^s$. — Die Zeitgleichung nimmt größte Werte ($+6^m 11^s$ und $+14^m 25^s$) am 26. Juli und am 11. Februar, kleinste Werte ($-3^m 55^s$ und $-16^m 23^s$) am 29. Mai und am 3. November an; sie wird Null am 15. April, am 14. Juni, am 1. September und am 24. Dezember. An welchem Tage des Jahres man zuerst für die gedachte Sonne gleiche Rektaszension mit der wahren Sonne ansetzt, ist an sich willkürlich; die getroffene Festsetzung (15. April) bewirkt, daß die Zeitgleichung an den einzelnen Tagen des Jahres die möglichst kleinen Werte annimmt.

Der Abstand der Sonne in der Ekliptik vom Widderpunkte ist die Länge (λ) der Sonne. Dieselbe wird durch den Bogen der Ekliptik zwischen Widderpunkt und Sonne in der Richtung der Sonnenbewegung gemessen. Aus dem rechtwinkligen Dreieck γRG in Fig. 57 ergeben sich folgende Beziehungen zwischen der Länge, der Rektaszension und der Deklination der Sonne mit der Schiefe der Ekliptik:

$$(1) \qquad \cos\varepsilon = \operatorname{tg}\alpha \cdot \operatorname{cotg}\lambda ,$$

$$(2) \qquad \sin\alpha = \operatorname{cotg}\varepsilon \cdot \operatorname{tg}\delta ,$$

$$(3) \qquad \sin\delta = \sin\varepsilon \cdot \sin\lambda ,$$

$$(4) \qquad \cos\lambda = \cos\alpha \cdot \cos\delta .$$

Liegt ein Ort auf der Erde l^0 östlich von einem zweiten, so kulminiert an ihm die Sonne an jedem Tage um $l \cdot 4^m$ früher als an dem zweiten.

Die nautischen Tabellen beziehen sich vielfach auf mittlere Greenwicher Zeit. Bezeichnet man diese mit G, so ist an einem Orte, der l^0 östlich von Greenwich liegt, die mittlere Ortszeit MOZ im selben Augenblick gegeben durch die Gleichung

$$MOZ = G + l \cdot 4^m .$$

Diese Gleichung gestattet, aus der mittleren Ortszeit eines Ortes und der mittleren Greenwicher Zeit desselben Augenblicks die geographische Länge des Orts zu bestimmen.

Die Verschiedenheit der mittleren Ortszeit an Orten verschiedener geographischer Länge hat seit der Entwicklung des Eisenbahnen- und des Telegraphenwesens zu Unzuträglichkeiten im Verkehr geführt. Deshalb ist seit dem 1. April 1893 in Deutschland, Österreich-Ungarn, Dänemark, Schweden, Norwegen, Schweiz, Italien, Bosnien, Serbien und dem westlichen Teil der Türkei die mitteleuropäische Zeit eingeführt, d. h. alle diese Länder richten sich nach der mittleren Ortszeit, die auf dem Meridian von 15° östl. Länge gültig ist. Dieser Meridian geht in Deutschland durch die Städte Stargard und Görlitz. In dem ganzen genannten Gebiet gehen also die Uhren gegen Greenwicher Zeit um eine Stunde vor.

Hat also ein Ort l^0 östl. Länge von Greenwich, wird seine mittlere Ortszeit mit MOZ und wird die mitteleuropäische Zeit mit MEZ bezeichnet, so sind diese Größen verknüpft durch die Gleichung

$$MOZ = MEZ + (l - 15) \cdot 4^m .$$

In Hamburg z. B., das 10° östl. von Greenwich liegt, geht die Uhr mittlerer Ortszeit 20^m zu spät gegen die Uhr, welche mitteleuropäische Zeit anzeigt.

---

§ 30. Sonnenauf- und -untergang. Dämmerung. Helle Nächte. Polartag und Polarnacht.

Ein Stern geht auf oder unter, wenn er durch den Horizont des Beobachtungsortes geht. Da das bürgerliche Leben sich nach dem Gange der Sonne richtet, haben Sonnenauf- und -untergang für uns besondere Bedeutung.

Infolge der astronomischen Strahlenbrechung in der die Erde umgebenden Luftschicht scheinen die Gestirne dem Beobachter höher über dem Horizont zu stehen, als sie sich in Wirklichkeit befinden.

Die Größe der Strahlenbrechung für im Horizont befindliche Gestirne wird als Horizontalrefraktion bezeichnet. Sie beträgt etwa $0^0 35'$. Mit wachsender Höhe des Gestirns nimmt die Strahlenbrechung rasch ab. Einen Grad über dem Horizonte beträgt sie nur noch $0^0 24'$, in $h = 45^0$ beträgt sie weniger als eine Bogenminute.

Da der Sonnendurchmesser etwa $0^0 32'$ beträgt, so scheint die Sonne beim Untergange noch völlig über dem Horizont zu stehen, wenn ihr oberer Rand in Wahrheit schon unter denselben gesunken ist.

Deshalb ist zu unterscheiden zwischen dem wahren Sonnenuntergange, d. h. dem Augenblicke, wo der Sonnenmittelpunkt durch den Horizont geht, und dem scheinbaren Sonnenuntergange, d. h. dem Augenblicke, wo der obere Sonnenrand dem Beobachter durch den Horizont zu gehen scheint, oder, anders ausgedrückt, wo der Sonnenmittelpunkt sich $0^0 35' + 0^0 16' = 0^0 51'$ unter dem Horizonte befindet.

Nach Sonnenuntergang bleibt auf der Erde noch einige Zeit ein Zwielicht. Die Dauer desselben hängt abgesehen von der Bewölkung davon ab, wie rasch die Sonne gewisse Höhen unter dem Horizonte erreicht.

Die bürgerliche Abenddämmerung dauert vom Sonnenuntergange bis zu dem Augenblicke, wo der Sonnenmittelpunkt $6^1/_2{}^0$ unter den Horizont gesunken ist (wo man in einem nicht nach Westen gelegenen Zimmer Licht anzünden muß, um lesen zu können). Die **astronomische Abenddämmerung** dauert vom Sonnenuntergange bis zu dem Augenblicke, wo der Sonnenmittelpunkt 18° unter den Horizont gesunken ist (wo in sternklaren Nächten die kleinsten Sterne, die überhaupt mit bloßem Auge sichtbar sind, hervortreten). Entsprechende Bestimmungen gelten für die Morgendämmerungen.

In geographischen Breiten, die mehr als $48^1/_2{}^0$ betragen, sinkt die Sonne während eines Teils des Sommers überhaupt nicht bis zu 18° unter den Horizont; die astronomische Dämmerung dauert die ganze Nacht, der Beobachtungsort befindet sich in der Zeit seiner **hellen Nächte**.

Sinkt in höheren Breiten der Sonnenmittelpunkt im Laufe von 24 Stunden überhaupt nicht mehr auf $0^0 51'$ unter den Horizont, so geht die Sonne zu dieser Zeit an diesem Orte überhaupt nicht unter (Mitternachtsonne). Der Ort hat einen **Polartag**. Ihm entspricht ein halbes Jahr später eine **Polarnacht**. An den Polen der Erde dauern Polartag und Polarnacht je ein halbes Jahr. Der Polartag wird verlängert und die Polarnacht wird entsprechend verkürzt durch den Einfluß der Horizontalrefraktion und durch den Umstand, daß die Sonne nicht punktförmig, sondern als eine Scheibe von etwa $0^0 32'$ Durchmesser erscheint.

§ 31. Aufgaben*).

1) Im Jahre 1843 wurde bei der Schiefe der Ekliptik $\varepsilon = 23^0 27' 37''$ eine Rektaszension der Sonne $\alpha = 225^0 40'$ beobachtet. Wie groß war an demselben Tage die gleichzeitige Deklination und die Länge der Sonne? Lösung: $\delta = -17^0 14' 44''$, $\lambda = 228^0 7' 57''$.

2) Im Mai 1871 wurde bei der Schiefe der Ekliptik $\varepsilon = 23^0 27' 22''$ eine Deklination der Sonne $\delta = 20^0$ beobachtet. Wie groß war die gleichzeitige Rektaszension der Sonne? Lösung: $\alpha = 57^0 1' 7''$.

3) Am 6. Mai 1900 beträgt die Rektaszension der Sonne $2^h 52^m 14^s$ und ihre Deklination $+16^0 29' 54''$. Wie

*) Die Lösungen sind mit fünfstelligen Logarithmen berechnet. Die Winkelsekunden in den Lösungen sind daher um mehrere Einheiten unsicher.

groß ist nach diesen Angaben die Schiefe der Ekliptik in diesem Jahre? Lösung: $\varepsilon = 23^\circ 27' 6''$.

4) An zwei Tagen des Jahres beträgt die Deklination der Sonne $\delta = 14^\circ$. An welchem Tage etwa ist das der Fall ($\varepsilon = 23^\circ 27'$) und um wieviel Uhr Sternzeit kulminiert sie an diesen Tagen? Lösung: Am 27. April um $2^h 20^m$ und am 17. August um $9^h 40^m$.

5) Wie lange dauern in Braunschweig ($\varphi = 52^\circ 15'$) die hellen Nächte? Lösung: Etwa 64 Tage.

6) Ein Stern hat in Hamburg ($\varphi = 53^\circ 33'$) die Höhe $h = 38^\circ 4'$ und das Azimut $a = -49^\circ 55'$. Wie groß sind seine Deklination δ und sein Stundenwinkel t? Lösung: $\delta = 11^\circ 14'$, $t = 322^\circ 7'$.

7) Der Stern Arcturus hat die Deklination $\delta = +19^\circ 42'$. In $\varphi = 34^\circ 16'$ nördlicher Breite fand man durch Beobachtung am westlichen Himmel die wahre Höhe $h = 27^\circ 56'$. Welchen Stundenwinkel (Längenbestimmung!) und welches Azimut hat er? Lösung: $t = 4^h 36^m 4^s$, $a = 95^\circ 45' 53''$.

7a) Der Stern Regulus hat die Deklination $\delta = +12^\circ 27'$. Wie groß ist in Hamburg ($\varphi = +53^\circ 33'$) sein Tagbogen (Auf- und Untergangszeit!) und seine Abendweite? Lösung: $2t' = 214^\circ 47' 2''$, $a' - 90^\circ = +21^\circ 16' 25''$.

7b) Um welche mittlere Zeit sind der wahre Sonnenaufgang und -untergang am 20. Juni in Greenwich ($\varphi = +51^\circ 29'$), wenn die Deklination der Sonne $\delta = 23^\circ 27'$ beträgt und die Zeitgleichung mittags $+1^m 16^s$ ausmacht und für jede Stunde um $\frac{1}{2}$ Sekunde zunimmt? Lösung: Aufgang: $3^h 49^m 6^s$, Untergang: $8^h 13^m 26^s$ m. Z. für Greenwich.

8) Ein Stern hat $t = 2^h 30^m 12^s$ nach seiner Kulmination die Höhe $h = 31^\circ 47\frac{1}{2}'$ über dem Hamburger Horizont ($\varphi = 53^\circ 33'$). Welches ist seine Deklination δ und sein Azimut a? Lösung: $\delta = 4^\circ 4'$, $a = 45^\circ 39'$.

9) Welche geographische Breite hat ein Ort (Breitenbestimmung!), an dem der Stern Rigel, dessen Deklination $\delta = -8^\circ 19'$ ist, den Stundenwinkel $t = 0^h 11^m 20^s$ und die wahre Höhe $h = 45^\circ 45'$ hat? Lösung: $\varphi = 35^\circ 51' 8''$.

10) Welche geographische Breite hat ein Ort, an dem ein Stern von der Deklination $\delta = 45^\circ$ gleichzeitig den Stundenwinkel $t = 3^h$ und die wahre Höhe $h = 30^\circ$ hat? Lösung: $\varphi = 0^\circ$.

11) Wie groß ist das Azimut (Deviationsbestimmung des Kompasses!) und die wahre Höhe des Sterns Capella in

Kiel ($\varphi = 54^0 20'$), wenn sein Stundenwinkel $t = 9^h 10^m$ und seine Deklination $\delta = +45^0 54'$ ist? Lösung: $a = 150^0 38' 4''$, $h = 16^0 30' 52''$.

12) Wie groß sind Stundenwinkel und wahre Höhe des Jupiter in Hamburg ($\varphi = 53^0 33'$) beim Passieren des ersten Vertikals, wenn seine Deklination $\delta = +17^0 49'$ ist? Lösung: $h = 22^0 21' 27''$, $t = 76^0 16' 4''$.

12a) Wie groß ist die wahre Höhe der Sonne im ersten Vertikal in Lissabon ($\varphi = 38^0 43'$) am 14. Mai 1899, wenn ihre Deklination $\delta = +18^0 42'$ ist, und um welche mittlere Ortszeit erreicht sie diese Höhe, wenn die Zeitgleichung $-3^m 49^s$ ist? Lösung: $h = 30^0 50' 11''$, um $4^h 16^m 17^s$.

13) Am 17. Nov. 1899 fand man in $43^0 24'$ südlicher Breite zur mittleren Greenwicher Zeit $5^h 11^m 10^s$ morgens die wahre Höhe der Sonne $h = 44^0 58'$. Ihre Deklination war $\delta = -18^0 57'$. Die Zeitgleichung ist $-14^m 59^s$. In welcher geographischen Länge befand man sich? Lösung: $t = -45^0 16' 39''$, $MOZ = 8^h 43^m 54^s$ vorm., $53^0 11'$ östl. Länge.

14) Welche Höhe und welches Azimut hat der Sonnenmittelpunkt $t = 2^h$ nach seiner Kulmination in Hamburg ($\varphi = 53^0 33'$) an einem Tage, wo die Sonnendeklination $\delta = +10^0$ ist? Um wieviel Uhr wahrer Ortszeit und in welcher Abendweite findet der wahre Sonnenuntergang statt und um wieviel Uhr der scheinbare Untergang, wenn der Sonnenradius mit $r = 0^0 16'$, die Horizontalrefraktion mit $\varrho = 0^0 34'$ in die Rechnung eingeführt wird? Wann ist die bürgerliche und wann die astronomische Abenddämmerung an diesem Tage in Hamburg beendet? Lösung: $h = 40^0 16' 8''$, $a = 40^0 11' 24''$. Wahrer Untergang: $6^h 55^m 15^s$. Abendweite: $+16^0 59' 40''$. Scheinbarer Untergang: $7^h 1^m 8^s$. Dämmerungsende: $7^h 42^m 26^s$ bezw. $9^h 20^m 18^s$.

15) Um wieviel Uhr a) wahrer Ortszeit, b) mittlerer Ortszeit (Zeitgleichung $= -15^m$), c) mitteleuropäischer Zeit (Hamburg liegt 5^0 westlich von Stargard) geht in Hamburg ($\varphi = 53^0 33'$) die Sonne an einem Tage des letzten Jahresquartals auf und unter, wo ihre Deklination $\delta = -10^0$ ist? ($\varrho = 0^0 34'$, $r = 0^0 16'$.) Welches Datum trägt dieser Tag? ($\varepsilon = 23^0 27'$.) Um wieviel unterscheiden sich an diesem Tage Sternzeit Θ und wahre Ortszeit WOZ? Welche Zeit verfließt an diesem Tage zwischen dem scheinbaren Sonnen-

untergange und dem Ende der bürgerlichen Abenddämmerung? Lösung:

19. Oktober	Aufgang	Untergang
WOZ	$6^h 49^m 27^s$	$5^h 10^m 33^s$
MOZ	$6^h 34^m 27^s$	$4^h 55^m 33^s$
MEZ	$6^h 54^m 27^s$	$5^h 15^m 33^s$

$\Theta - WOZ = 13^h 36^m$.

Dämmerungsdauer 39^m.

16) Welche Zeit verfließt am 23. September auf dem Polarkreis ($\varphi = 66^0 33'$), auf dem Wendekreis des Krebses ($\varphi = 23^0 27'$) und auf dem Äquator zwischen dem wahren Sonnenuntergange und dem Ende der astronomischen Abenddämmerung? Lösung: $3^h 23^m 48^s$, $1^h 18^m 44^s$, $1^h 12^m 0^s$.

17) Welcher Unterschied ergibt sich in 70^0 nördlicher Breite für die Dauer des Polartages, wenn man dieselbe 1) mit Rücksicht auf Horizontalrefraktion ($\varrho = 0^0 35'$) und Sonnenradius ($r = 0^0 16'$) und 2) ohne Rücksicht auf diese Größen berechnet? Lösung: 7 Tage.